全世界孩子最喜爱的大师趣味科学丛书⑦

趣味物理实验

ENTERTAINING PHYSICAL EXPERIMENT

〔俄〕雅科夫·伊西达洛维奇·别莱利曼◎著　项 丽◎译

U0225751

中国妇女出版社

图书在版编目（CIP）数据

趣味物理实验 /（俄罗斯）别莱利曼著；项丽译
. —北京：中国妇女出版社，2016.7（2025.1重印）
（全世界孩子最喜爱的大师趣味科学丛书）
ISBN 978-7-5127-1312-3

Ⅰ.①趣… Ⅱ.①别… ②项… Ⅲ.①物理学—实验
—青少年读物 Ⅳ.①O4-33

中国版本图书馆CIP数据核字（2016）第129344号

趣味物理实验

作　　者：〔俄〕雅科夫·伊西达洛维奇·别莱利曼 著 项丽 译
责任编辑：应　莹
封面设计：尚世视觉
责任印制：王卫东
出版发行：中国妇女出版社
地　　址：北京市东城区史家胡同甲24号　　邮政编码：100010
电　　话：（010）65133160（发行部）　　65133161（邮购）
法律顾问：北京市道可特律师事务所
经　　销：各地新华书店
印　　刷：北京中科印刷有限公司
开　　本：170×235　1/16
印　　张：11.75
字　　数：130千字
版　　次：2016年7月第1版
印　　次：2025年1月第37次
书　　号：ISBN 978-7-5127-1312-3
定　　价：26.00元

编者的话

　　"全世界孩子最喜爱的大师趣味科学"丛书是一套适合青少年科学学习的优秀读物。丛书包括科普大师别莱利曼和博物学家法布尔的8部经典作品，分别是：《趣味物理学》《趣味物理学（续篇）》《趣味力学》《趣味几何学》《趣味代数学》《趣味天文学》《趣味物理实验》《趣味化学》。大师们通过巧妙的分析，将高深的科学原理变得简单易懂，让艰涩的科学习题变得妙趣横生，让牛顿、伽利略等科学巨匠不再遥不可及。另外，本丛书对于经典科幻小说的趣味分析，相信一定会让小读者们大吃一惊！

　　由于写作年代的限制，本丛书的内容会存在一定的局限性。比如，当时的科学研究远没有现在严谨，书中存在质量、重量、重力混用的现象；有些地方使用了旧制单位；有些地方用质量单位表示力的大小，等等。而且，随着科学的发展，书中的很多数据，比如，某些最大功率、速度等已有很大的改变。编辑本丛书时，我们在保持原汁原味的基础上，进行了必要的处理。此外，我们还增加了一些人文、历史知识，希望小读者们在阅读时有更大的收获。

　　在编写的过程中，我们尽了最大的努力，但难免有疏漏，还请读者提出宝贵的意见和建议，以帮助我们完善和改进。

目 录

Chapter 1　生活中有趣的物理实验 → 1

Chapter 2　关于报纸的物理小实验 → 107

Chapter 3　生活中的常见物理问题 → 137

3

Chapter 1
生活中的有趣
物理实验

比哥伦布更厉害

克里斯托弗·哥伦布（1450—1506），意大利著名的航海家，是地理大发现的先驱者。

"哥伦布 真是个伟人，"一名小学生在作文里写道，"他不仅发现了美洲，还 竖起了鸡蛋 。"对于这个年幼的小学生来说，这两项成就都令他觉得惊叹。

然而， 马克·吐温 却不这么认为，他觉得哥伦布发现新大陆没什么大惊小怪的："要是他没有发现美洲，反而是一件奇怪的事情。"

虽然一直有哥伦布竖鸡蛋的传说，但并没有历史根据，是摩尔瓦硬加在这位著名的航海家身上的。真正竖鸡蛋的是意大利建筑家布鲁涅勒斯奇，他是佛罗伦萨教堂的巨大圆屋顶的建造者。他曾说："我的圆屋顶是那样坚固，就好像自己竖起来的鸡蛋一样！"

马克·吐温（1835—1910），美国幽默大师、小说家、作家。代表作有《汤姆·索亚历险记》等。

我却觉得，哥伦布确实称得上是一位伟大的航海家，但竖鸡蛋算不上是一项成就。你知道哥伦布是如何竖起的鸡蛋吗？其实，很简单，他先是把鸡蛋一端的蛋壳敲破，然后把鸡蛋放到桌上，鸡蛋就竖起来了。我们可以看出，这个方法虽然竖起了鸡蛋，但鸡蛋已经不是原来的形状了。那么，如果不改变鸡蛋的形状，是否也能把它竖起来呢？作为航海家的哥伦布虽然很勇敢，但他并没有解决这个问题。

实际上，相比于发现美洲，竖鸡蛋要容易得多，可能比发现一个弹丸小岛都要容易。关于竖鸡蛋，可能有下面三种情况：

● 一是把熟鸡蛋竖起来。

● 二是把生鸡蛋竖起来。

● 三是把生、熟两种鸡蛋都竖起来。

先说竖熟鸡蛋，这是最容易实现的。用两个手掌或者一只手的手指让鸡蛋转动，就像转陀螺一样，可以看到，鸡蛋在转动的过程中都是竖着的，在停下来之前，它一直保持直立的姿态。多试几次，会让鸡蛋转得更久，竖起的时间更长。

采用同样的方法是不能竖起生鸡蛋的。如果你试过就会发现，对于生鸡蛋来说，它很难转动起来。其实，这也正是生鸡蛋与熟鸡蛋的区别，可以作为鉴别方法。对于生鸡蛋而言，它里面的物质是液态的，在转动的时候不会像熟鸡蛋那样与蛋壳一起快速转动，相反，它还会阻碍转动这一行为。

那到底怎样才能把生鸡蛋竖起来呢？

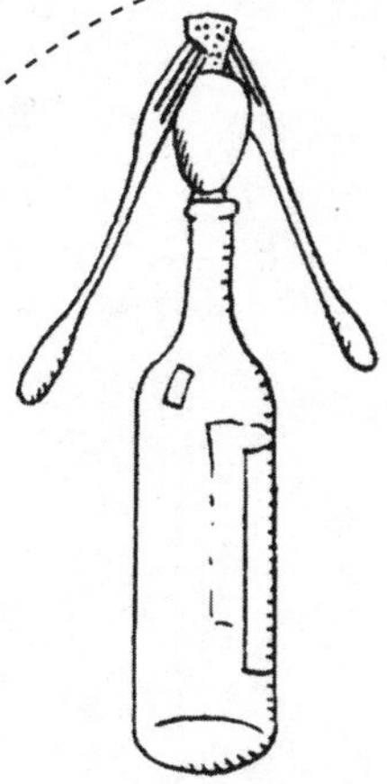

方法是这样的： 先把生鸡蛋用力摇晃几次，使蛋黄表面的薄膜裂开，让蛋黄从薄膜里流出来；让鸡蛋大头朝下，等一会儿，由于蛋黄比蛋清重一些，它会慢慢沉到鸡蛋的底部。于是，鸡蛋的重心就会变低，也就是说，这时的鸡蛋具有更强的稳定性。

图1　软木塞与鸡蛋组成的"平衡系统"

另外，还有一种竖鸡蛋的方法。如 图1 所示，我们把鸡蛋放在

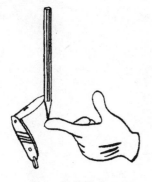

图2　铅笔与小刀
组成的平衡系统

瓶口上，而瓶口是塞住的，然后，在鸡蛋上放一个两侧都插着一把叉子的软木塞。如果用物理学家的话来说，这个"系统"非常稳定，哪怕你倾斜一下瓶子，它仍然会保持平衡。

那么，软木塞和鸡蛋为什么掉不下来呢？其实，道理也很简单，如 图2 所示，在铅笔上插一把小刀，再把它垂直竖在手指上，铅笔同样也不会掉下来。从科学的角度来说，它们之所以如此稳定，是由于整个系统的重心比支持点要低。换句话说，"系统"的总重量集中的那个点，低于系统中各部分所接触的那个点。

离心力

把打开的雨伞放在地上，使它的顶端向下，转动雨伞。这时，如果我们往旋转的伞里扔一个小球、纸团或者手帕，其他的东西也可以，只要这个东西重量很轻且不易摔碎就行。这时，我们会发现一个很有意思的现象，倒立的雨伞并不愿意接受这个"礼物"，被扔进去的东西会慢慢滑到伞的边缘，并且从伞边飞出去。

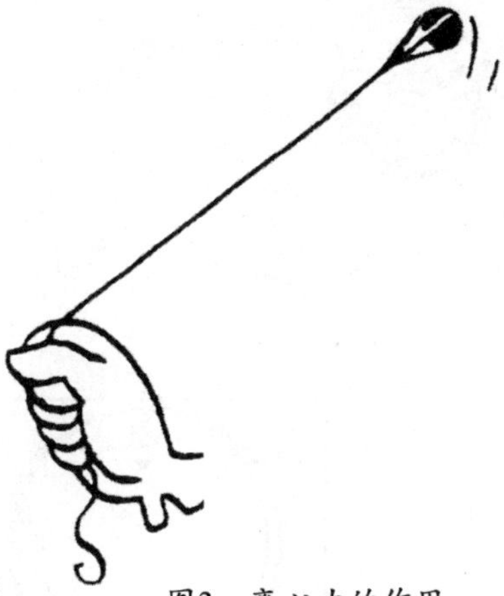

图3　离心力的作用

通过这个实验，我们可以看出，扔进去的东西是被一种力给抛出去的，而这个力就是"离心力"。准确地说，这应该称为"惯性"。任何物体在做圆周运动的时候，都会产生离心力。这其实就是惯性的一种表现形式：

运动着的物体会始终保持运动方向和运动速度的一致性。

其实，说到离心力，远不止刚才实验中提到的这一种。如 图3 所示，如果我们在一条绳子的一端系上一块石头，并且把石头甩起来，我们会感觉绳子绷得很紧，就像要断掉似的，这其实也是离心力的作用。

古时候，战场上经常用到一种武器——投石器，其实就是利用了这一原理。同样的道理，如果磨盘转得非常快或者不牢固，就会被离心力弄碎。

借助离心力的作用，我们还可以变一个戏法：

在一个杯子里倒满水，让杯子快速地做圆周运动，只要速度足够快，倒立杯子，杯子里的水也不会倒出来。

还有更绝的。在马戏团里，自行车手会借助离心力完成令人头晕

目眩的"超级筋斗"，如图4所示。

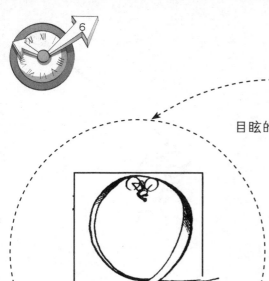

图4　"超级筋斗"

为了把牛奶中的凝乳分离出来，人们发明了离析器，也是利用了离心力的原理。利用同样的原理，人们还发明了离心分离机，用来把蜂蜜从蜂房中抽出来，以及特制的离心脱水装置，用来甩干衣服，等等。

坐过有轨电车的人都有过这样的感觉，当行驶线路突然改变时，也就是转弯时，我们会明显地感受到离心力的存在，被挤向车厢靠外的一侧。如果不是外侧的车轨比内侧的车轨铺得稍高一些，那么当电车行驶的速度非常快时，电车就可能会在离心力的作用下翻倒。所以，车轨的正确铺设方法应该是在转弯的地方稍微向内倾斜。虽然听起来有些奇怪，倾斜的车厢竟比水平的还稳定？！事实上，也确实是这个道理。

我们可以通过一个小实验来弄明白其中的原理：

第1步：先来准备一个特殊的器皿——把一块硬纸板卷成宽口的喇叭形。当然，也可以用其他的东西代替。比如，侧壁呈圆锥形的小碗，圆锥形的玻璃罩或者铁皮罩，以及类似形状的灯罩都可以。

第2步：准备好这样的一个器皿以后，我们在里面放上硬币、小金属片。

第3步：给器皿里的小东西一个力，让它沿着器皿内壁做圆周运动。

我们就会看到，小东西会向内侧下方倾斜。当硬币速度慢下来以后，就会慢慢趋向器皿的中心。也就是说，硬币的运动轨迹会逐渐变小。这时，如果我们转动器皿，硬币就会重新转动起来，随着速度的加快，硬币就会离开器皿的中心，圆周运动的轨迹也会慢慢变大。当速度足够快的时候，硬币就会完全滑出器皿。

自行车比赛的场地一般都是环形的，在场地设置的时候也需要考虑离心力的作用，特别是在转弯的地方，赛道必须向内侧倾斜。而且，当自行车手在上面骑行的时候，自行车也倾斜得非常厉害，就像刚才实验中的硬币。我们会发现，这时的自行车不仅不会翻倒，而且看起来还特别稳定。明白了这一原理，我们对于马戏团的自行车手在剧烈倾斜的木板上绕骑，就不会感到不可思议了。因为我们已经知道了它的原理其实很简单。相反，对于自行车手来说，真正困难的是沿着平稳、水平的道路骑行。同样的道理，赛马场上急转弯的地方也会向赛道的内侧倾斜。

刚才提到的这些现象，都是我们经常见到的。其实，还有很多现象也存在着离心力。比如，我们居住的地球。我们都知道，它每天都在旋转，所以它也会受到离心力的作用。那么，这里的离心力表现在哪里呢？下面我们就来分析一下。

首先，在地球旋转的时候，地表上的物体会变轻。

其次，越接近赤道的物体，由于它在24小时内完成的圆周更大一些，也就是说，它们旋转的速度更快，所以损失的重量也就越多。

举个例子来说，如果我们把一个1千克的砝码从地球的两极拿到赤道重新称重，就会发现重量少了5克。当然，这个差别并不大。但是，如果物体非常重，它损失的重量就会更多一些。比如，一辆蒸汽机车从阿尔汉格尔斯克开到敖德萨，到达目的地的时候重量会减少60千克，这个重量相当于一个成年人的体重。而一艘重2万吨的战列舰从白海到达黑海，损失的重量能达到80吨。这个数字恰好是一辆蒸汽机车的重量！

这种现象是如何发生的呢？

当地球旋转的时候，表面的物体会受到离心力的作用，物体好像被抛出去一样，就像本节一开始的雨伞实验。只不过，由于受到地球引力的作用，这些物体并没有被扔出去。我们习惯上把地球引力叫作"重力"。虽然地球没有把物体抛出去，但是物体的重量确实减少了。也就是说，地球上的物体比它的实际重量轻一些。

物体旋转的速度越快，它减轻的重量就越明显。科学家们曾经做过计算，如果地球的转速达到现在的17倍，那么赤道上的物体就会变得没有重量了。如果转得再快一些，比如，每隔1小时地球就自转一周，那么不仅赤道上，赤道附近所有陆地和海洋上的物体都会完全失去重量。我们可能根本无法想象这一点，物体竟然会失去重量？！我们可以想象一下，这样的话我们就可以举起任何物体，哪怕是蒸汽机车、大石块、巨型炮，或者整艘军事战舰，更不用说汽车、武器了，举起它们就像举起一根羽毛一样轻松。如果我们把它们扔下来，也不用担心它们会摔坏，因为它们根本就没有重量，所以，它们也不会掉下来，在什么地方放下它们，它们就会飘在那里，是不是很神奇？而且，我们可以跳得非常高，甚至比世界上最高的建筑或者高山都要高。不过，有一点我们千万别忘记了，跳起来很容易，但想要落下来可就不容易了。因为我们也没有了重量，所以我们不会自己掉下来，只能飘在空中。

困扰还不仅如此。我们可以想象一下：所有的物体，不管是大的还是小的，如果它们杂乱地飘在空中，没有任何束缚，来一阵微风就会把它们吹到另一个地方。所以，这时的人类、动物、汽车、运货车，甚至轮船，它们就会在空中相互碰撞，自然也免不了在碰撞时发生损伤和损坏了。

刚才描述的现象就是地球转得太快所造成的后果！

10种制作陀螺的方法

下图中，我们可以看到用10种方法做成的不同的陀螺。这些陀螺可以帮助我们进行很多有趣的实验。那么，如何制作这些陀螺呢？其实，方法很简单，我们完全可以自己动手来做一做。做这些陀螺既不需要别人帮

9

图5　纽扣陀螺

忙，也不需要花钱。下面我们就来看看怎么做陀螺。

　　方法1：如图5所示，找一个有5个小眼的纽扣，我们可以非常容易地利用它来做一个陀螺。找一根火柴，按图示的方法把一头削尖，穿到纽扣中间的小眼上，这样就做好了一个陀螺。其实，这样做出来的陀螺两头都可以转，就像我们平常玩的那样，可以把陀螺的钝头朝下，用拇指和食指捏住转轴，然后把陀螺快速地甩到桌子上，陀螺就会自己转起来，而且还会有意思地摇来晃去。

图6　软木塞陀螺

　　方法2：我们可以找一个软木塞。从它上面切下一个圆片，找一根火柴从中间穿入。这样，我们就做成了第二个陀螺，如图6所示。

　　方法3：如图7所示，我们可以看

图7　核桃陀螺

到，这个陀螺很特别，它是一个核桃陀螺。从图中可以看出，它尖头朝下旋转。它是怎么制作的呢？其实方法很简单，只需要在核桃的钝头上插入一根火柴就可以了。我们捏住火柴就能把它转起来。

方法4：我们还可以找一个又平又大的软木塞，或者瓶子上的塑料盖。把铁丝烧红，在软木塞的中间位置烫一个洞，插上火柴就可以了。别看它很笨重，其实转起来特别稳。

方法5：下面，我们再来看一个特别的方法。找一个装面霜的小圆盒，同样地，在中间穿一根削尖的火柴。为了保证火柴粘在圆盒上不滑动，还需要在小洞里倒一点儿蜡油，如 图8 所示。

图8　小圆盒陀螺

方法6：如 图9 所示，这是一个很有趣的陀螺。将一张硬纸剪成圆片，在四周边缘系上带吊钩的圆扣，这个有趣的陀螺就做好了。陀螺转动的时候，圆扣会沿着纸片的半径甩起来，系圆扣的线会被绷紧，这其实是离心力的作用。

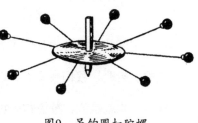

图9　吊钩圆扣陀螺

方法7：下面介绍的方法跟前面类

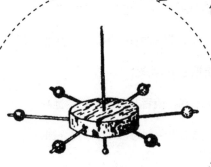

图10 大头钉圆珠陀螺

图11 彩色陀螺

似。如 图10 所示，找一个小圆珠，用大头钉把它插到从软木塞上切下的圆片周围。当陀螺转动时，小圆珠就会在离心力的作用下甩向远离陀螺半径的方向。要是光线好，我们还可以看到大头钉转动所形成的银白色光带，小圆珠还会在圆片周围形成一条彩色的花边。如果把陀螺放在光滑的盘子上转动，看到的景象更美妙。

方法8：如 图11 所示，这是一个彩色陀螺。它制作起来比较麻烦，但却有着令人惊奇的效果。像方法6那样，剪一个圆片，在中间插一根削尖的火柴，再切下两片软木塞，分别放在圆片的上面和下面，把纸片压紧。

然后，在硬纸片上画几条半径线，就像分蛋糕那样，把圆片平均分为几个扇形。再把各个扇形涂上黄蓝相间的颜色。当陀螺旋转时，我们会看到，圆片的颜色既不是蓝色，也不是黄色，而是绿色。也就是说，黄色和蓝色在我们眼中变成了一种新颜色——绿色。

同样的方法，我们还可以进行其他颜色的实验。比如，在扇形上涂上天蓝色和橙黄色相间的颜色。当陀螺转动的时候，所呈现的就不是前面的黄色，而是白色，或者确切地说是浅灰色。如果我们用的颜色非常纯正，呈现的就是完全的白色。在物理学上，如果两种颜色混合变成白色，就称这两种颜色为互补色。所以，通过这个实验，我们知道：天蓝色和橙黄色是互补色。

如果我们可以找到足够的颜色，就可以重复300年前 牛顿 做过的实验。他是这么做的：

艾萨克·牛顿（1643—1727），英国著名物理学家，百科全书式的全才，著有《自然哲学的数学原理》。

把圆纸片等分成7个扇形。然后，在不同的扇形上分别涂上红、橙、黄、绿、青、蓝、紫7种颜色。当陀螺旋转时，所看到的颜色是灰白色。

这个实验说明，我们平常所见到的白色太阳光是由很多彩色光线汇聚成的。

另外，彩色陀螺还可以变化很多形式，比如，在它上面套一个纸环，当陀螺转动的时候，纸环的颜色会立刻发生变化，如图12所示。

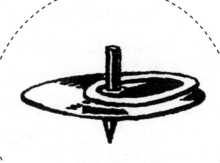

图12　纸环陀螺

方法9：如图13所示，这是一个会画画的陀螺。它的制作方法很简单，跟上面的一样，只不过，转轴不

图13　铅笔陀螺

是火柴，而是一支削尖的铅笔。把这个陀螺放在稍微倾斜的硬纸板上旋转。当它转动的时候，会慢慢沿纸板向下滑动。这时，铅笔就会画出一条螺旋形的线。我们可以很容易地数出螺纹的圈数。由于陀螺每转一圈，铅笔就会画出一圈螺纹，所以我们可以通过这种方法来计算陀螺每秒钟的转速。但是，如果仅用眼睛看，是不可能数清的。

下面，我们再来介绍另一种会画画的陀螺。找一块圆形的铅片，在中间穿一个小孔，然后在孔的两边各钻一个小孔。在中间的孔上插一根削尖的火柴，在旁边的其中一个小孔上穿一根细线或者头发。线或者头发尽量长一些。再在这条线上拴一根折断的火柴棍。另一个孔不用拴火柴棍。我们打这个孔只是为了使铅片两边保持平衡，否则，做成的陀螺无法平稳地转动。

这样，我们就做好了会画画的陀螺。但是，实验之前，我们还需要准备一个熏黑的盘子。这也很容易制作，只需要用燃烧的蜡烛在盘子的底部烧一会儿，就会在盘子的表面形成一层黑色的印迹。之后，就可以做这个实验了。把陀螺放到这个盘子上，转动陀螺，线头的末端就会在盘子上画出一些白色的花纹，如 图14 所示，看起来是不是很有意思？

方法10：我们最后再来看一种陀

图14　会画画的陀螺

螺——木马陀螺。如 图15 所示，它看起来好像很复杂，但其实并不难做。这里使用的圆片和转轴，跟前面的彩色陀螺是一样的。只不过，在圆片上，我们用大头针对称地插上了小旗，然后又贴上坐在马上的"骑士"。这样，我们就做成了一个迷你的旋转木马。我们可以拿它来逗小弟弟或者小妹妹们开心。

图15　木马陀螺

碰撞游戏

生活中经常见到两个东西相撞的现象，比如，两艘船、两辆有轨电车、两个槌球，不管是意外事故也好，游戏也罢，这一现象在物理学上都被称为"碰撞"。碰撞发生时只是一瞬间的事，但是对于碰撞本身来说，它是经常发生的，也体现了物体的弹性。

其实，就碰撞的一瞬间来说，其中的物理原理是非常复杂的。在物理学上，人们把弹性碰撞分成三个阶段。

第一阶段：碰撞的两个物体在接触的位置相互挤压。

第二阶段：两个物体挤压到最大限度。而挤压会产生弹力，为了

平衡挤压的力，弹力又会阻碍挤压的发展。

第三阶段：弹力会试图恢复物体在第一阶段所改变的形状，也就是把物体向相反的方向推。

在碰撞的过程中，对于碰撞的物体来说，它们就像只被撞了一下一样。

实验一：我们可以做这样一个实验。

当一个槌球撞向另一个跟它同样重的静止的槌球，那么由于反作用力的作用，撞过来的球会停止在被撞的球的位置上，原先静止的球会以第一个球的速度前进。

实验二：我们还可以做另一个更有趣的实验。

将一个槌球推向一串排成直线并且紧挨着的槌球，会发生什么现象呢？在第一个球的撞击下，似乎整串球都应该被击跑，然而事实是所有的球都静止不动，只有离撞击球最远的那个球飞了出去。这是由于前面的球都把冲击力传给了下一个球，而最后的那个球已经没有球可以传递了。

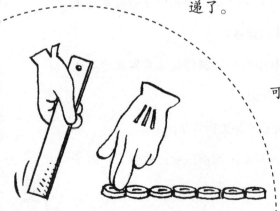

实验三：除了用槌球，我们还可以用其他的东西来做这个实验，比如，跳棋或者硬币。

如图16所示，我们可以把跳棋摆成一排，长一些也没关

图16 碰撞实验

系，只要它们互相紧挨着就行。固定住第一个棋子，当我们用木尺敲击它的侧面时，我们会看到最末端的棋子飞了出去，中间的棋子仍然待在原地。

杯子里的鸡蛋

观看杂技表演的时候，我们经常看到演员把桌子上的台布抽出来，但是桌子上的东西——盘子、杯子或者瓶子——都留在了桌子上！其实，这没什么神奇的，当然这也不是什么骗术，只不过在进行这个表演的时候，表演者的手脚要非常灵活。

对我们来说，要练到这样的程度并不容易。不过，我们可以做一个类似的小实验。

找一个杯子，在里面倒半杯水，再找一张明信片，撕成两半。向长辈要一枚男式的戒指，以及一个煮熟的鸡蛋。如 图17 所示，把卡片盖在水杯上，然后把戒指放在

图17 鸡蛋完好无损地落在杯子里

卡片上，再把鸡蛋竖在戒指上。请问，你能把卡片抽出来，而让鸡蛋滚落到杯子里吗？

乍看起来，这似乎是一件非常难办到的事情。其实，我们只需要在卡片的边上用手指轻轻弹一下，就可以完成这个实验了。卡片会被弹出去飞到地上，而鸡蛋会和戒指一起，完好无损地落在下面的杯子中。由于杯子里有水，会减弱鸡蛋的冲击力，使蛋壳保持完整。如果我们可以很熟练地做这个实验，还可以把鸡蛋换成生的。

这个实验是不是很神奇？其实，当卡片被弹出去的时候，由于是一瞬间发生的，鸡蛋根本来不及从弹出去的卡片那里得到任何速度，所以卡片会在手指的弹力下飞出去。这时的鸡蛋由于没有纸片支撑，就会垂直落在杯子里。

一开始做这个实验的时候，你可能会失败，不过我们可以做一些简单的实验来练习。比如，把半张明信片放在手掌上，在上面放一些硬币。用手指把明信片弹出去，如果速度达到要求的话，纸片就会飞出去，而硬币则会落到手里。我们还可以用其他卡片来做这个实验，非常容易就可以成功。

我们经常看到一些神奇的
舞台魔术，其实它们的原理也
很简单。如图18所示，这是一
根长长的木棍，它的两端分别
挂在两个纸环上。一个纸环

搭在剃刀的刀刃上，另一个纸环搭在一只燃烧的烟斗上。魔术师拿
起一根棍子，很用力地打在这根棍子上。结果你会发现挂着的这根
木棍被打断了，但两个纸环却完好无损！ 其实，这个实验的原理
很简单，跟前面的实验是一样的。由于撞击是一瞬间发生的，作用

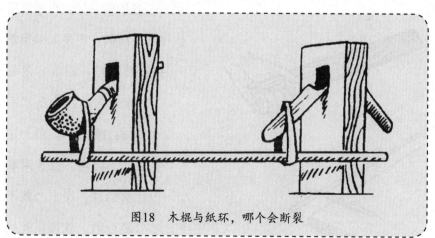

图18 木棍与纸环，哪个会断裂

发生的时间非常短，木棍的两端和纸环都没有时间发生任何运动。真正发生运动的只有两根木棍相互撞击的那个点，所以木棍被打断了，而纸环没有任何变化。要成功表演这个魔术，需要击打的时候足够迅速和猛烈。如果缓慢而无力地击打，不仅不会打断木棍，反而会把纸环扯掉。

如果魔术师技艺足够高超，他甚至能做到在两个薄玻璃杯的杯口放一根木棍，击打木棍之后，玻璃杯完好无损，而木棍被打断了。

这里的意思不是说我们也要做类似的魔术表演，不过，我们可以做一些简单的实验。

如 图19 所示，在一张矮桌子的边缘放两支铅笔，铅笔的一部分要超出桌子的边，在超出的铅笔上放一根细长的木棍。用硬尺的边棱快速击打木棍的中间，木棍就会被折成两段，而铅笔仍会留在原来的位置。

现在，我们明白了，用手掌压核桃很难压碎，但是如果用拳头使劲击打，却很容易就击碎。这是因为虽然手掌的力量很大，但力道过于均匀，但是用拳头的话，冲击力就不会分散，就像坚硬的

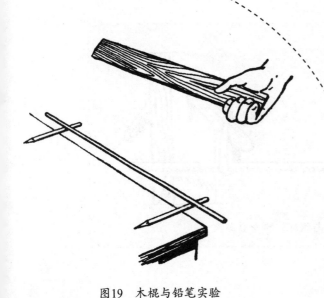

图19　木棍与铅笔实验

物体一样，可以抵挡核桃的反冲击力，于是就把核桃击碎了。

同样的道理，子弹打到玻璃上的时候，只会在玻璃上留下一个小洞，但是如果我们用石头砸玻璃的话，玻璃就会整个碎掉。如果用手慢慢推，我们甚至可以把窗框和合页都推倒，而子弹或者石头却做不到这一点。

最后，我们再来看一个例子。当我们用树条抽树干的时候，如果速度很慢，哪怕很用力，树干也不可能断，顶多会倒向一边。但是，如果我们动作足够快，就可能把树干抽断。当然，如果树干非常粗大，也是不可能抽断的。道理跟前面是一样的，如果树条击打的速度足够快，冲击力根本来不及分散，只能集中在击打的位置，所以树干很容易被抽断。

模拟潜水艇

一个有经验的家庭主妇，肯定知道新鲜鸡蛋会沉到水里去。很多主妇用这种方法来判断鸡蛋是否新鲜：

如果鸡蛋下沉，说明它是新鲜的；

如果鸡蛋浮在水面上，说明鸡蛋已经坏了。

在物理学上，如何解释这一现象呢？

这是因为，新鲜鸡蛋比同体积的纯净水要重一些。需要注意的是，我们这里说的水是纯净水，如果是盐水的话，水的重量就会比鸡蛋的重量大。

阿基米德（公元前287—公元前212），古希腊哲学家、数学家、物理学家，享有"力学之父"的美称，提出浮力原理。

如果我们用一盆浓度足够高的盐水来做这个实验，那么根据 阿基米德 提出的 浮力原理 ，只要鸡蛋的重量小于它排开的盐水的重量，即便是最新鲜的鸡蛋照样可以浮起来。

浮力原理，也称阿基米德原理，指物体在液体中所获得的浮力等于它所排出液体的重量。

如果我们想让鸡蛋既沉不下去，也浮不起来，应该如何做呢？

这一现象在物理学上称为"悬浮"。其实，我们同样可以用一盆盐水来做这个实验，只需要把盐水的浓度调配好就行了。也就是使没入水中的鸡蛋所排开的盐水的重量正好与鸡蛋的重量相等。

在调配盐水的时候，我们可能需要多调几次。比如，如果鸡蛋浮起来了，我们就加点儿水；如果鸡蛋沉下去了，我们就在水里加点儿盐。耐心地多试几次，我们总能调配出需要的盐水。这时，无论我们把鸡蛋放在水里的任何地方，它都只是停在那里静止不动，既不会上浮，也不会下沉，如图20所示。

图20　悬浮的鸡蛋

潜水艇就是利用这个原理制造出来的。它之所以能潜在水中而不下沉，就是因为它排开的海水重量等于自身的重量。当我们需要下沉潜艇的时候，只需要把海水从潜艇的下面灌进专门的水柜就可以了；当需要上浮的时候，再把水排出去。

飞艇之所以能飘浮在空中，也是利用了这个原理。就像鸡蛋在盐水中"悬浮"一样，飞艇所排开的空气的重量跟它自身的重量是相等的。

水面浮针

你能把一枚缝衣针放在水面上吗，就像稻草浮在水上面一样？这似乎是不可能的事情。毕竟，就算缝衣针再小，也是一块实心的金属，它肯定

会沉下去!

很多人都这么认为。如果你也这么想的话,下面的实验可能会改变你的想法。

第1步,找一根普通的缝衣针,不能太粗,在它上面抹一点儿黄油或者猪油。

第2步,把它小心地放到盛有水的碗或杯子的水面上。

你会惊讶地发现:缝衣针并没有沉下去,而是浮在了水面上。

缝衣针为什么不沉下去呢?钢肯定比水重啊!事实上,钢确实比水重多了,它的密度大概是水的7~8倍,它怎么可能像火柴那样浮在水面上呢?!在实验中,我们确实看到了这一事实!原因是什么呢?如果仔细观察针周围的水面,我们会看到:在针的周围,水面凹下去了一部分,形成了一个小的凹槽,针正好浮在凹槽的中间。

这是因为,涂了黄油的针并没有跟水接触。

你大概有过这样的经历,如果我们的手非常油腻,用水洗手的时候,手上并不会沾上水。水禽也是一样。在它们的羽毛上,都覆盖着一层油脂,这些物质是由特殊的腺体分泌的。所以,虽然水禽接触了水,但身上总是干的。如果我们不用肥皂,哪怕是热水,也根本洗不干净油腻的手,但是肥皂可以破坏油脂层,让油脂离开皮肤,这样就能把手洗干净了。在刚才的实验中,油腻的针没有被水弄湿,而是浮在凹槽的底部,就是因为产生的水膜会形成水面张力。正是由于水面张力的存在，才托住了缝衣针，使它不会沉到水中。

我们的手通常都会分泌油脂，因此就算没有特意给缝衣针涂黄油，如果我们多摩擦几下针，也会在针周围涂上一层薄薄的油层。所以，即便不涂黄油，我们也可以让针浮在水面上，只不过，放针的时候要非常小心。为了提高成功的概率，我们可以把针放在卷烟的碎纸上面，然后用一个东西把碎纸慢慢压到水里，碎纸会慢慢沉到下面，而针会浮在水面上。

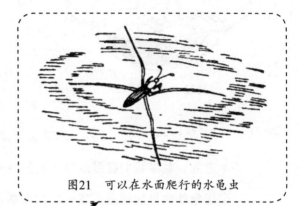

图21　可以在水面爬行的水黾虫

有一种昆虫，叫作水黾虫，它可以在水面爬行，就跟很多动物在陆地上爬行一样，如 图21 所示。原因就是在它的足部有一层油，使它的身体不会被弄湿，而且还可以很自如地在水面上爬行。

这个实验也很容易。准备一个普通的脸盆，或者一只宽口深底的罐子，就可以做这个实验了。同时，我们还需要一

潜水钟

图22　自制潜水钟

个高筒的玻璃杯或者高脚杯。这里的杯子就作为实验中的潜水钟，脸盆或者罐子就是缩小版的大海或者湖泊。

如 图22 所示，这个实验做起来非常简单：把玻璃杯倒过来，扣在水底，用手压住杯子。这时，我们会发现，玻璃杯里几乎没有水进去。这是因为杯子里有空气，阻止了水进入。如果我们在潜水钟的底部放一个吸水的物体（如糖块），这个现象就会更加明显。找一个软木塞，从上面切一个圆片，放在水面上，在它上面放一块糖，然后在上面盖上玻璃杯。再把玻璃杯压到水底。我们会发现，糖块比水面低，但却是干的，因为水根本没有进入杯子里去。

我们还可以用玻璃漏斗来做这个实验。把漏斗倒过来，宽口朝下，用手指堵住上面的漏口，把漏斗扣到水里去，水也不会流到漏斗里，但是，如果我们把手指移开，由于空气流通了，盆里的水就会立刻灌到漏斗里去，直到漏斗内外的水面相平为止。

现在，我们明白了，空气并非是"不存在的"。它真实地存在于空间中，如果没有其他地方"藏身"，它就会待在自己的地盘上。通过这个实验，我们还可以得出：人们就是利用了这个原理，才能够运用潜水钟或者"水套"之类的宽口水管，在很深的水下工作。这时，水并不会流进潜水钟或"水套"里去。

水为什么不会倒出来

下面，我们再来看一个简单的实验。以前，我曾做过很多次这个实验。

第1步： 找一个玻璃杯，往里面倒满水。

第2步： 找一张明信片或硬纸盖住杯口，用手指轻轻地压住纸片，慢慢把杯子倒过来。

这时，如果我们把压住纸片的手拿开，纸片仍然会盖在玻璃杯的口上，水也不会流下来。

我们甚至可以把玻璃杯从一个地方端到另一个地方，哪怕幅度大一些也没有关系，水并不会流出来。如果你把这样一杯水端给别人喝，他肯定会觉得非常惊奇。

为什么一张小小的纸片能够承受住水的重量而不让水流出来呢？

答案是：空气的压力。杯子里的水至少有200毫升，而空气从纸片

下面给纸片的压力比这个大多了。

当我第一次看到这个表演的时候，表演的人告诉我，要想成功完成这个实验，必须保证杯子里的水是满的，也就是水必须装满到杯口。如果杯子里只有一点儿水，或者大半杯都不行，只要杯子里还有空气，就不能成功。这是因为，如果杯子里有空气，就会对纸片产生压力，使得纸片上下的压力相互抵消，这样的话，纸片就会掉下去。

当时我还不相信，并且用没有装满水的杯子进行了实验，想看看纸片是不是真的会掉下去，出乎意料的是，纸片竟然没有掉下去！后来，我又做了几次实验，纸片都没有掉下去，仍然盖在杯口上！

这个实验给我的印象非常深刻，通过这样的实验，我们可以研究自然中的一些现象。对于自然科学界来说，实验才是最好的裁判员。即便某些理论看起来没有什么纰漏，但也需要我们用实验来验证。

17世纪的时候，第一批来自佛罗伦萨学院的自然研究者就给自己定下了这一规则，并称之为"检验再检验"。当发现实验与理论不一致时，就看看理论到底错在哪里。

在刚才的实验中，从理论上来解释，好像没什么不对的。再来看一下这个实验，在倒立的没有装满水的杯子上盖一片纸片，纸片并没有掉下来，这时，如果我们掀起纸片的一个角，就会发现杯子里会出现一些气泡，这说明，杯子里的空气比外面的稀薄多了，否则，外面的空气就不会想往杯子里跑，也就不会产生气泡了。所以，虽然杯子里有一部分空气，但它比外面空气的密度小得多，所以产生的压力也比外面的小得多。这是因为，当我们翻转杯子的时候，里面的水会向下流动，挤出一部分空气，剩下的空气仍然占据原来的空间，所以变得稀薄了，压力也就变小了。

由此可见，如果我们态度认真，哪怕是最简单的物理实验，也可以引起我们的深入思考。伟人之所以伟大，就是善于从一些小事中学习。

现在，我们知道了，空气会对它所接触的所有物体产生巨大的压力。下面，我们再来做一个实验，继续感受一下空气压力的存在，也就是物理学上的"气压"。

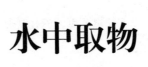

水中取物

找一只光滑的盘子，在里面放一枚硬币，往盘子里倒一些水，没过硬币。我们能否在不打湿手的情况下，把硬币拿出来呢？

你肯定会说："怎么可能？！"实际上，这是可以做到的。

如何做到呢？找一个玻璃杯，把一张点燃的纸放到杯子里，当纸冒烟的时候，把玻璃杯倒扣在盘子里。需要注意的是，要保证硬币在杯子的外面。这时会发生什么现象呢？我们可以看到，玻璃杯里的纸很快烧光了，盘子里的水慢慢地进入到了玻璃杯里，而且一滴不剩，只剩下了硬币！如图23所示。

图23　从水中取硬币，不打湿手

这时，我们可以很容易地拿走硬币，手一点儿也不会被水打湿！

如何解释这一现象呢？其实，道理很简单。所有的物体受热后都会出现同样的情况，空气也不例外。当杯子里的空气被火加热后，会发生膨胀，而玻璃杯的容积是固定的，空气膨胀后就会有一部分被挤出玻璃杯，使得玻璃杯里的空气变得稀薄，剩下的空气冷却下来以后，所产生的压力就会比之前小一些。也就是说，对于玻璃杯来说，杯子内外的空气压力并不均衡，外面的比里面的大一些。于是，就把玻璃杯外面的水挤向杯子里面。也就是说，盘子里的水被空气挤压到了玻璃杯里。

知道了这个实验的原理，我们就可以很容易地理解了。其实，做这个实验，完全可以不用燃烧的纸条。如果我们在把玻璃杯倒扣到盘子上之前，用热水涮一下，实验也能成功。因为我们只需要使杯子内的空气变热就行了，至于如何使它变热，没有特殊要求。

我们还可以用下面的方法来做这个实验：

当我们用玻璃杯喝完茶后，趁杯子还热的时候，把它倒扣在盘子上。当然了，盘子里需要提前倒一些水。我们可以看到，当茶杯倒扣到盘子上，也许一两分钟之后，盘子里的水就会全部进到茶杯里面。

降落伞

第1步：找一张卷烟用的锡纸，从上面剪一个直径10厘米的圆片，再在中间剪一个直径2厘米的小圆。

第2步：在大圆的边上打一些小洞，在每个小洞上穿

一根线，线的长度要相等。

　　第3步：把这些线的另一端系在一个不太重的负荷物上。

　　这样，我们就做好了一个降落伞，在紧急关头，这样的降落伞可以救人性命呢！

　　下面，我们就来看看这个降落伞的性能。从窗户把这个降落伞扔下去，我们可以看到负荷物会把绳子绷紧，纸也被展开了，降落伞非常平稳地向下飞行，最后轻轻落在了地上。当然了，这是在没有风的情况下。如果有风，哪怕只是微风，降落伞也可能被吹到空中，落到很远的地方。

　　如果降落伞的"伞面"非常大，它所承受的负荷也会变得非常大。没有风时，它会慢慢降落，如果有风，它就会落到远处去。

　　那么，为什么降落伞可以飞起来呢？我想，作为读者的你已经猜到了，正是由于空气的存在，阻碍了降落伞的掉落。要是没有伞面的话，负荷物就会以非常快的速度掉到地上。也就是说，伞面加大了负荷物的受力表面积，但是又没有增加什么重量。而且，伞面的表面积越大，空气阻力就会表现得越明显。明白了这一点，我们就知道了灰尘之所以会在空气中飘浮，也是这个道理。有的人可能会说，这是由于灰尘比空气轻。其实，这是不正确的。

　　相反，灰尘比空气重多了。一般来说，灰尘是石头、黏土、金属、树木或者煤等物质的微粒。它们可能比空气重几百倍甚至几千倍。比如，石头重量是空气的1500倍，铁是空气的6000倍，而树木是空气的300倍……都比空气重多了。所以，这么重的灰尘怎么可能像木屑漂浮在水面上那样飘浮在空中呢？

从理论上来说，只要是比空气重的物体，不管是固体的还是液体的微粒，都应该在空气中"下沉"。那灰尘为什么会飘浮在空中呢？原理和刚才的降落伞一样。这是因为，虽然灰尘很重，但是相对于它的重量来说，灰尘的表面积比空气中的气体大多了。我们可以拿一颗小霰弹和1000倍于它重量的子弹进行比较，子弹的表面积大概是小霰弹的100倍。也就是说，如果根据重量来计算，小霰弹每单位重量的表面积应该是子弹的10倍。我们可以想象一下，如果一颗霰弹的重量是子弹的100万分之一，大概相当于一颗微小的铅粒。根据重量来换算，铅粒的表面积大概是子弹的10,000倍。也就是说，空气对霰弹形成的阻力是子弹的10,000倍。所以，灰尘可以飘在空中，虽然它也会慢慢下落，但是，如果有一阵风，就可能把它吹向更高的空中。

热气流与纸蛇

找一张明信片或者厚纸片，将它剪成一个小圆片。在圆片上画一条螺旋线，然后沿螺旋线把圆片剪开。剪出来的纸片像不像一条蛇（如 **图24** 所示）？

下面，我们把蛇的尾部用缝衣针的尖头插在一个软木塞上。这时，我们会看到蛇头向下垂落，就像一条螺旋楼梯一样。

这只是第1步。下面，我们来做一个实验。我们把纸蛇放在燃烧的炉灶旁，会发现纸蛇转了起来。而且，炉火越旺，蛇就转动得越快。其实，我们也可以把纸蛇放在其他温度高的物体，比如，灯、热水杯的旁边，纸蛇一样会转动。也就是说，只要靠近纸蛇的物体是热的，纸

图24 纸蛇

蛇就会转动。如果把纸蛇挂在煤油灯的上面，纸蛇会转得非常快，如图25所示。

那么，纸蛇为什么会转动呢？

答案就是：气流。

在任何热的物体旁边，都会有一股向上运动的热气流。

那它是如何形成的呢？

像其他的物体一样，在被加热后，空气的体积也会膨胀。也就是说，空气会变得稀薄，也就是变轻了。而其他地方的空气比较冷，也就是密度比较大、比较重，所以冷空气就会把热空气往上面挤，并占据热空气的位置。这时，冷空气会被加热，跟之前的热空气一样，它又会被别的

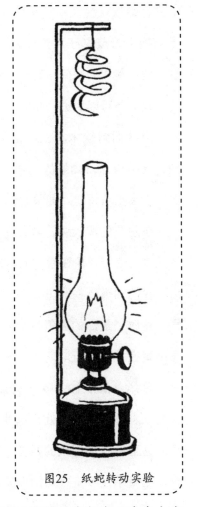

图25　纸蛇转动实验

冷空气挤到上面去。如果一个物体的温度比周围的空气高，在它上方就会形成一股向上的热气流，就好像从热物体那儿吹到上面一股热风。是这股热风吹动纸蛇的头部，使它不停地转动。

我们还可以用别的形状的纸片来做这个实验，比如，蝴蝶形状的纸片。这次我们用卷烟锡纸来做蝴蝶，用一条细线把蝴蝶系在电灯的

上方，蝴蝶就会飞动起来，就像一只真蝴蝶一样。而且，蝴蝶还会在天花板上形成影子，影子动作的幅度会更大。对于不明就里的人来说，他可能以为房间里真的飞进来一只黑色的大蝴蝶呢！

我们还可以更进一步：

把针插到软木塞上，然后把尖头扎到锡纸蝴蝶上。需要注意的是，这时要保持蝴蝶的平衡，不要倾斜。如果把纸蝴蝶放到热物体上方，它会拍动翅膀。如果我们用手掌扇风，蝴蝶就会飞舞得更欢快。

在刚才的实验中，我们看到，空气会受热膨胀，从而形成向上的热气流，这一现象在我们的日常生活中非常普遍。

我们知道，在北方，到了冬天供暖以后，屋子里就产生大量的暖气，这时，最热的空气肯定会流动到天花板那儿，而相对冷一些的空气则聚在地面附近。所以，当房间不够热的时候，我们经常感觉好像有一股风从脚底往上吹一样。如果屋子里面很热而外面很冷，打开门的一刹那，冷空气就会迅速向上流动，热空气被挤到上面，这时，我们甚至能感觉到风的存在。如果我们想让屋子更暖和一些，就要注意，尽量不让冷空气从门缝里钻进来。如果没有冷空气钻进来，热空气就不会被挤压，就不会从门缝跑出去了，房间里自然就暖和了。

这样的例子还有很多，比如，煤炉或者工厂熔炉里的通风，都是一些向上的热气流。

在自然界中，还有很多这样的现象，比如，信风、季风、海陆风等，也是一样的道理，这里就不赘述了。

如何得到一瓶冰

在冬天，你能给我弄到一瓶冰吗？这个问题看起来似乎不是什么难事，只需要把一瓶水放到室外，过一段时间，就可以得到一瓶冰。这也太简单了吧？

如果我们真的这么做，就会发现，我们得到的并不是一瓶冰，或者说，不是一瓶完整的冰。冰是有了，但瓶子却被结冻的冰撑破了。这是为什么呢？因为，水结冰后体积会变大，大概增加$\frac{1}{10}$。不管瓶子是否盖了盖子，都会被冰撑破。因为即使不盖盖子，当瓶颈处的水结冰后也会把瓶口堵住，瓶子一样会被冰撑破。

水结冰后体积增大所产生的作用力非常大，只要金属不是太厚，甚至可以让金属断开。有人做过实验，水结冰后可以撑破一个5厘米厚的铁瓶。在冬天，经常有水管冻裂的现象，就是这个道理。水结冰后体积会膨胀，这一原理也可以解释冰比水轻，所以会浮在水的上面，而不是落到水底下。因为如果水结冰后体积变小，冰就会沉下去，而不是浮在水面。这样的话，我们就无法享受冬天所带给我们的乐趣了。

冰块断了吗

你可能听过，在压力的作用下，冰块会凝结在一起。那是不是说，在受到压力的时候，冰会冻得更结实？其实，结果正好相反，当压力大的时候，冰块会融化，只不过，由于温度低于0℃，融化的冰又会迅速地凝结。所以，如果用两块冰块来进行实验，我们会发现：在两块冰块接触的位置，由于受到较大的压力会融化成水，只不过这时的水低于0℃。这些水会迅速流到两块冰块接触部分的缝隙。因为这些缝隙没有受到压力，所以这些水会迅速结冰，把两块冰块牢牢连接在一起。

我们可以通过下面的实验来观察这一现象：

找一块长方形的冰块，把它的两头搭在两张圆凳、椅子或者别的边沿上。找一根长约80厘米的细铁丝，用它做一个圆环，套在冰块上。在铁环的下端系一个10千克左右的重物。在重力的作用下，铁丝会切到冰块里，并慢慢从冰块中切过去，最后掉到地上。但是，冰块并没有断成两截。或者说，冰块是完好无损的，就好像根本没有被铁丝穿过一样，如 图26 所示。

图26　铁丝切过冰块

前面，我们介绍了冰块融合的原理，所以我们当然明白这个实验没什么神秘的。虽然冰块融化了，但是它与铁丝接触的部分会立即结成冰。我们可以这样说，当铁丝切下面的冰块时，上面的冰块被重新冻到了一起。

在大自然中，冰是唯一可以用来做这个实验的物质。也正是由于这个原因，人们可以在冰上滑冰，在雪地里滑雪。当滑冰者利用自身的体重压在冰刀上的时候，冰刀下的冰由于受到作用压力，就会融化。于是，冰刀就滑行了起来。当冰刀滑到下一个地方，冰还会融化，冰刀会继续滑下去。滑冰者所到之处，冰刀所接触的薄冰层就会融化成水。但是，一旦冰刀过去，刚刚融化的水又会结成冰。所以，虽然严寒的时候冰是干的，但在冰刀的作用下却融化成了水，并起到了润滑的作用，使冰刀向前滑行。

听到的是哪个声音

从远处观察一个正在砍树的人，或者看一个木匠钉钉子，你会发现一件有趣的事：当斧头砍进树里或者锤子敲在钉子上的时候，你并不会听见敲击的声音，当斧头或者锤子拿起来之后，你才能听见敲击声。

其实，你可以近距离再观察一次，比如，往前走两步，离这个人近一些。多试几次之后，你会发现：当你站在某个恰当的地方时，斧头或锤子的敲击声正好与击打的那一瞬间是重合的。但是，如果你再离开这个恰当的地方，敲击声又和动作错开了。

为什么会发生这样的事情呢？

其实，这是因为声音和光的传播速度是不一样的，声音的传播速度比光慢多了，所以它从声源传到你的耳朵需要一定的时间，而光几乎一瞬间就能到达你的眼睛里。当敲击声还在向耳朵传播的时候，斧头或锤子举起来进行下一次击打的影像已经进入你的眼睛里。这时，眼睛看到的景象就会和耳朵听到的声音错开，你就会误以为声音不是在斧头击打的时候传出的，而是在它被举起的时候发出的。但是，如果你距离近一些，就能找到击打声和动作重合的那个点，这是由于声音传到耳朵的时候，斧子又被重新放下去了。这时，你可以同时看到和听到击打，但其实它们已经是先后两次击打：你所看到的是下一次击打，而听到的则是前一次击打所发出的声音，甚至是更往前的一次击打。

那么，声音在空气中的传播速度到底是多少呢？有人已经精确测量出了它的数值，就是$\frac{1}{3}$千米/秒。也就是说，声音传播1000米的距离需要3秒的时间。所以，如果一个人每秒可以挥动两次斧头，那么只要你站在距他160米的地方，那敲击声就可以正好跟斧头撞击的时刻重合。刚才已经说过，光在空气中的传播速度要快得多，大概是声音的100万倍。甚至可以说，对于地球上的任何一段距离来说，光的传播都是瞬间的事情。

其实，声音不仅可以通过空气传播，还可以通过其他气体、液体或者固体传播。在水中，声音的传播速度大概是空气中的4倍，所以我们一样可以在水里清楚地听到任何声音。即使在很深的潜水水箱里工作，人们一样可以十分清晰地听到岸上的声音。因此，渔夫们经常会说："只要岸上稍微有一点儿动静，水里的鱼儿就会逃走。"

在坚硬的固体介质中，比如，生铁、树木，或者骨头中，声音的传播速度比在空气中快得多。我们可以把耳朵贴在木条的一头，让朋友在另一头用木棍敲打，我们就可以听到通过木条传来的敲击声。如果周围环境非常安静，没有其他声音干扰，我们甚至可以听见木条另一端手表指针走动的声音。铁轨、铁管、土壤等也能够传播声音。如果从很远的地方跑来一匹马，我们把耳朵贴在地上，就能听到马蹄的声音。通过这种方法，我们甚至可以听到远处子弹射击的声音，这比通

41

过空气听到的声音快多了！

越是坚硬的固体介质，传播声音越清晰。如果是柔软的布，或者潮湿、松软的物质，就会把声音"吞噬"掉。这就是厚重的窗帘可以隔音的原因。此外，地毯、柔软的家具、大衣等也都具有这样的作用。

钟声入耳

在前面一节，我们提到，骨头可以清晰地传播声音。那么，我们不妨来验证一下，我们的头骨是不是也具有这样的性质呢？

用牙齿咬住闹钟上的把手，把两只耳朵用手堵住。这时，你就可以清楚地听到指针摆动的声音，甚至比直接在空气中听到的嘀嗒声更加清晰。这时，你所听到的声音就是通过头骨传到耳朵的。

还有一个有趣的实验，也可以证明头骨的这一性质：

找一条绳子，在它的中间系上一把勺子，然后把绳子的两端分别放在两个耳朵眼里。弯曲上身，使勺子可以前后自由摆动。移动身体，让勺子撞在某个固体上，你的耳朵里就会传来低沉的轰鸣声，就像在耳朵旁边敲了一下大钟一样。如果把勺子换成更重一些的物体，效果会更加明显。

可怕的影子

一天晚上，哥哥对我说："想不想看一个非常有趣的东西？"

我说："想。"

哥哥说："跟我来！"

我们推开隔壁房间的门，里面很黑，但我还是大胆地走了进去。这时，哥哥点燃了一支蜡烛。突然，我被吓了一跳。面前的墙上出现了一个可怕的怪物，而且正瞪着我。它的形状是扁平的，就像影子，眼睛就那么死死地瞪着我，可怕极了（如 图27 所示）。

我当时真的被吓坏了。正当我准备逃跑时，却听到了哥哥的笑声。

我回头一看，终于

图27 可怕的影子

看清楚了是怎么回事。原来，哥哥在墙上的镜子上贴了一张纸，纸上剪出了眼睛、鼻子、嘴巴等，当哥哥点燃蜡烛的时候，烛光通过这些洞反射出来，正好落在了我的影子上。

被哥哥戏弄了一番，我才知道，我是被自己的影子吓住了……后来，我也用这个方法戏弄过一些同学，不过我发现，要想真正达到非常好的效果，需要把镜子放在正确的位置，这其实并不容易。经过很多次练习之后，我才找到一点儿诀窍。光线通过镜子反射是有一定规律的：

入射角=反射角

知道了这个规律后，很容易就能找到放镜子的位置。

测量亮度

我们可以思考一下，在上面的恶作剧中，如果把蜡烛放到原来距离的2倍处，它的亮度会减弱多少呢？

$\frac{1}{2}$倍？这个答案是错误的。

那么，在原来距离的2倍处放2根蜡烛呢？亮度跟原来一样吗？

也是不一样的！

要想跟原来那一根蜡烛的亮度相同，需要在2倍远的地方放蜡烛：

$$2 \times 2 = 4（根）$$

如果是3倍远的地方，就需要放蜡烛：

$$3 \times 3 = 9（根）$$

依此类推，如果把蜡烛放在原来距离的2倍处，它的亮度会减弱到原来的$\frac{1}{4}$，放在3倍处会减弱为$\frac{1}{9}$，放在4倍处会减弱为$\frac{1}{16}$，放在5倍处会减弱为$\frac{1}{5 \times 5}$，也就是$\frac{1}{25}$……这是亮度与距离的关系。其实，响度与距离也满足这样的关系，也就是说，当声源为原来距离的6倍远时，亮度会减弱为原来的$\frac{1}{36}$，而不是$\frac{1}{3}$。

明白了这一原理后，我们就可以来比较下面的两盏灯，或者其他两种光源的亮度。你想知道你的台灯比蜡烛亮多少倍吗？换种方式问就是：需要点多少根蜡烛才能达到你的台灯的亮度呢？

把台灯和一根点燃的蜡烛同时放在桌子的一头，在桌子的另一头垂直放一张白纸，你可以找一本书夹住它。在纸片和两个光源之间的某个位置垂直放一根铅笔。这时，你会在白纸上看到两个阴影：一个是台灯照出来的，一个是蜡烛照出来的，如 图28 所示。你会看到，两个影子的深浅程度不同，这是因为光源不同——一个是明

图28　不同光源投射的影子

亮的台灯，一个是昏暗的蜡烛。

这时，我们把蜡烛往前慢慢移动，直到两个阴影的深浅程度相同为止。也就是说，这时的台灯和蜡烛的亮度是相同的。但是，台灯与纸片的距离要比蜡烛与纸片的距离远得多。我们可以测量一下它们的距离分别是多少，这样我们很容易就能算出它们的亮度差多少倍了。比如，台灯与纸片的距离是蜡烛与纸片距离的3倍，那么，台灯的亮度就是蜡烛的 3×3 倍，也就是9倍。这是为什么呢？在前面我们已经提到过亮度与距离的关系，因此我们很容易就可以得出这样的结论。

除了刚才的方法外，我们还可以利用纸上的油点来比较两个光源的亮度。把光源放在油点的正面，会看到油点是亮的，而如果从背面照，油点是暗的。利用这一点，我们可以把两个需要比较的光源放到油点的两侧，移动它们与油点之间的距离，使油点从正反两面看亮度都是一样的。然后，分别测量两个光源到油点的距离，根据前面提到的方法就可以比较二者的亮度了。

需要注意的是，要想同时观察油点两侧的亮度，最好把带油点的纸放到镜子的旁边，这样，我们就可以从一侧来观察油点的亮度，通过镜子看另一侧的情况。具体镜子要怎么放，我想就不用教了吧。

果戈理（1809—1853），俄国批判主义作家，代表作有《死魂灵》《钦差大臣》《两个伊凡吵架故事》。

在 果戈理 的小说《两个伊凡吵架故事》中，有这样一段描写：

脑袋朝下

伊凡·伊万诺维奇

走进房间，里面一片漆黑，因为窗户都被护窗板挡住了。从护窗板上的小洞射进来的光线看起来炫目多彩。光线照到对面的墙上，映照出一幅五彩斑斓的图画，上面不仅有铺着芦苇的屋顶、树木，甚至还有晾在院子里的衣服，不过，这一切都倒立在墙上。

如果你有一间窗户朝阳的房间，我们就可以把它变成一个物理实验"仪器"，而且这个"仪器"还有一个古老的名字——"黑房间"。另外，做实验之前，我们需要找一块大的胶合板或者硬纸板，并用黑纸糊上，在胶合板或者硬纸板上挖一个小孔，然后，把它挡在窗户上，不让光线进来。

实验需要在晴天进行。把窗户和房门都关上，然后再用前面提到的胶合板或者硬纸板挡住窗户，一定要挡严了。在距离小孔不远

图29　颠倒的景象

的地方竖直放一张白纸，白纸最好大一些。这时，白纸就是你的"屏幕"了。我们可以看到，白纸上显现出了一幅图像，其实，这就是窗外的景象缩小的样子。"屏幕"上不仅有房子、树木、动物，甚至还有行人，像电影一样，不过如图29所示，这一景象是颠倒的：房子的屋顶、人的脑袋都在下面……

　　这个实验说明：光是沿直线传播的。从物体上部分射出的光和物体下部分射出的光到达小孔处交叉，然后继续沿直线前进，上面的光向下前进，下面的光向上前进。我们可以想象，如果光线不是直线传播，那我们看到的景象就会扭曲，甚至什么也看不到了。

　　需要说明的是，不管小孔的形状如何，并不影响成像的结果，哪怕小孔是方形，或者三角形、六角形，甚至其他形状，我们所看到的景象都是一样的。晴天的时候，浓密的大树下的地面上会形成一个个椭圆形的光点，它们其实就是阳光穿过树叶间的空隙所形成的太阳的像。我们还发现，它们几乎都是圆形的，这是因为，太阳是圆的，这些圆形之所以被拉长，是因为太阳光是斜射下来的。如果把一张纸放在与太阳光线垂直的地方，我们就会看到，光点是一个正圆形。日食时，月亮把太阳挡住，只看到一个月牙形，这时树下太阳的像也会变成月牙形。

日常生活中使用的照相机也是一个"黑房间"，不过在照相机的里面，人们设置了一个机关，可以使成像的结果更清晰。在相机的后面有一块毛玻璃，它的作用就是成像，只是图像也是倒立的。在以前，人们照相的时候，摄影师会用黑布把照相机和自己蒙住，来查看照到的图像，就是为了防止受到光线的影响。

我们可以自己做一个这样的照相机。找一个长方形的箱子，在其中的一面打一个小孔，之后，把小孔对面的板拆掉，换成一张油纸，这张纸的作用跟前面提到的毛玻璃一样。然后，我们把箱子放到前面提到的"黑房间"里，让箱子的小孔和硬纸板上面的小孔重合。这时，我们就可以在油纸上看到窗外的场景，当然了，所成的像仍然是颠倒的。

其实，有了这个"相机"，我们不用前面提到的"黑房间"，一样可以看到所成的像。不过，在光线强烈的户外，我们需要找一块黑布，把我们自己的脑袋和"相机"蒙住，否则，由于光线太强，我们是无法看到油纸上所成的像的。

颠倒的大头针

在前文中，我们讨论了如何制作"黑房间"。其实，我们每个人身上都有一对小型的"黑房间"，就是眼睛。从构造上来说，眼睛跟上文中提到的箱子是一样的。我们知道，眼睛上有一个瞳孔。其实，它并非只是一个黑色的圆片，它的作用跟上文中提到的小孔差不多，只不过在这个小洞的外边，有一层薄膜，在薄膜的下面，有一种胶状的透明物质。在瞳孔的后面，是透明的"晶状体"，它的形状跟双凸透镜差不多。从晶状体到眼球后壁之间的整个区域，都是用来成像的，这里面都是透明物质。如 图30 所示，这是眼睛的纵切面图。眼睛的这种构造不仅不会影响成像，而且会使成像的结果更清晰明亮。另外，眼睛中所成的像非常小。比如，距离20米的高度为8米的电线杆，在眼

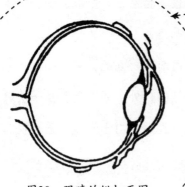

图30　眼睛的纵切面图

晴里所成的像的高度大概是0.5厘米。

有意思的是，虽然眼睛成像的结果与"黑房间"一样，也是颠倒的，但是，我们所看到的物体却是正立的。这是因为我们长时间养成了这样的习惯：在使用眼睛的时候，习惯于把看到的物体转化成自然状态。

我们可以通过实验来验证这一点。如果我们想方设法在眼睛底部呈现一个没有颠倒的、自然状态的物体图像，那么，这时我们会看到什么呢？刚才提到，我们已经习惯于把看到的景象进行翻转，于是，实验中的景象自然也会被翻转，结果，我们看到的景象反而不是正立的，而是颠倒的了。事实确实如此。下面，我们就来做一个这样的实验：

第1步： 找一张明信片，在它上面用大头针扎一个小孔。

第2步： 把明信片对着窗户或者台灯，右眼与明信片的距离大概是10厘米。

第3步： 把大头针举在明信片的前面，也就是明信片和眼睛中间的某处，使大头针的针帽对着小孔。

这时，我们看到，大头针在小孔的后面，而且大头针上下颠倒了。如图31所

图31　从小孔后面看到的颠倒图像

示。如果我们把大头针往右移，我们眼睛看到的却是它在往左移。

这是由于，此时，大头针在眼睛中所成的像不是翻转的，而是正立的。明信片上的小孔在实验中的作用就是光源，它把大头针的影子投到了瞳孔上。但是，由于这个影子距离瞳孔太近了，所以图像根本没有翻转。在眼睛的后壁上形成了一个圆形的光斑，这就是明信片上小孔的像。在这上面有一个大头针的轮廓，而且大头针是正立的。但是，由于我们只能看到小孔范围内的大头针，我们以为明信片后面的大头针是上下颠倒的，原因就在于我们养成了根深蒂固的习惯，习惯于把看到的所有景象进行翻转。

磁针实验

我们已经知道，如何使一枚缝衣针浮在水面上。下面，运用学到的知识，我们来做一个更有趣的实验。找一块马蹄形的小磁铁，把它靠近水面浮着针的碟子，我们会发现，碟子里的缝衣针会往磁铁的方向游去。如果我们事先用磁铁顺着同一个方向摩擦一下缝衣针，然后把缝衣针放到水面上，实验效果会更明显。这是因为，用磁铁摩擦过的缝衣针，带上了磁性，变成了磁铁，所以即便我们拿没有磁性的普通铁块来靠近碟子，缝衣针一样会向铁块方向游动。

带磁性的缝衣针还可以做一些其他有意思的实验。例如，把它放在水面上，我们会发现，这时的缝衣针会固定指向一个方向，这个方向就是南北方向，就像指南针一样。转动杯子时，磁针并不会随着杯子转，而是仍然一头朝北一头朝南。这时，如果把磁铁的一端靠近磁针的某一端，我们会发现磁针并不一定被磁铁吸引，甚至可能被排斥开。其实，这一现象说明了两块磁铁的相互作用：同极相斥，异极相吸。

搞清楚磁针运动的原理后，我们就可以制作一艘有意思的纸船。制作方法很简单，就是在纸船的船舱里藏一枚磁针。此外，我们需要事先准备一块磁铁，然后就可以偷偷把磁铁藏在手心里，在不碰纸船的情况下，控制纸船的航行方向，这是不是很神奇？你的同学肯定会大吃一惊！

有磁性的剧院

确切地说，这里指的不是剧院，而是杂技团。因为剧院里的演员都是在铁丝上跳舞的。当然，这些演员都是纸

人，而非真人。

第1步：我们用硬纸板剪出一个剧场。在剧场下方拴一根水平的铁丝。在舞台的上方固定一个马蹄形磁铁。

第2步：我们来做"杂技演员"。用纸剪出来就行，最好每个演员的姿势都是不同的。还要注意的是，每个杂技演员的背后要粘一根磁针，所以剪纸人的时候，纸人的身高要与针的长度相等。可以用两三滴蜡油把磁针粘上。

图32　杂技演员动起来

如 图32 所示，当把纸人放在铁丝上时，由于被舞台上方的磁铁吸引，它们不仅不会跌倒，还会笔直地站立。如果我们轻轻动一下铁丝，杂技演员就会动起来，左摇右摆，上下跳动，而且还不会掉下来。

带电的梳子

哪怕你对电学知识一无所知，仍然可以进行一些有趣的电学实验，这将有助于你认识到自然界中蕴藏的奇妙力量。

需要注意的是，做电学实验最好选择冬天，并且在有暖气的房间里进行。这是因为，这时房间里的空气比夏天干燥得多，实验效果会更好。

下面，我们来进行实验。保证头发干燥。用一把普通梳子顺着头发梳下来，如果在温暖安静的房间做这个实验，你会听到梳子发出轻微的噼啪声。这其实是梳子在与头发摩擦后带上了电。

不仅摩擦头发能让梳子带上电，干燥的毛毯也可以让梳子带上电，而且电量会更大。如何检验梳子的这种特性呢？有很多方法：

● 拿带电的梳子靠近一些轻物体，像纸屑、谷壳等，它们都会被梳子吸引过去，甚至粘到梳子上。

● 折几条纸船，放到水里，我们就可以用带电的梳子来指挥它们，就像拿着一根神奇的指挥棒。

图33　用带电的梳子指挥尺子

●还有更有趣的，把一枚鸡蛋放在干燥的酒杯里，在鸡蛋上面水平放一把长尺，并让尺子保持平衡。然后，用带电的梳子靠近尺子一端，尺子就会转动，如 图33 所示。你可以"指挥"尺子左右转动，甚至旋转起来。

听话的鸡蛋

不仅普通梳子可以通过摩擦带上电，其他物体也可以。比如，我们可以拿火漆棒在绒布或者衣袖上摩擦，火漆棒也会带上电。用丝绸摩擦玻璃管或玻璃棒，也可以让它们带上电。不过，要想让玻璃带上电，要求环境必须非常干燥。

再介绍一个关于摩擦起电的很有意思的实验。如图34所示：

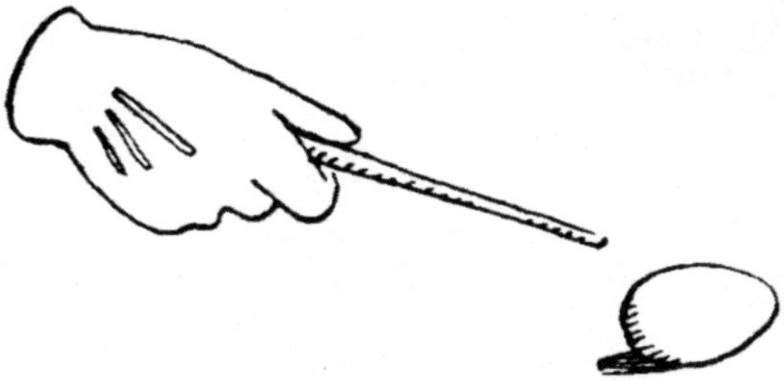

图34 用带电的木棒指挥鸡蛋

第1步：在鸡蛋的两头分别打两个小孔，从一端的小孔吹气，把鸡蛋里的蛋清和蛋黄倒出来，这样我们就得到了一个空蛋壳。

第2步：用蜂蜡封住空蛋壳的两个小孔，把它放在光滑的桌子、木板或者大盘子上，我们就可以用带电的木棒让空蛋壳转动起来了。

如果旁观者不知道鸡蛋是空蛋壳的话，他一定会感到非常惊讶。这个实验是著名的科学家 法拉第 想出来的。我们还可以用纸环或者轻的小球来做这个实验。

迈克尔·法拉第（1791—1867），英国物理学家、化学家。1831年10月17日，法拉第首次发现电磁感应现象，对电磁学的发展意义重大。

力的相互作用

在物理学上，不存在单方面的引力，或者说，不存在单方向的作用。也就是说，任何力的作用都是相互的。

那么，当木棒对不同物体产生引力的时候，它们同时也会受到这些物体的引力。验证这一点也很容易，我们把梳子或者木棒用绳环吊起来，这样它们就可以自由活动了。

我们可以用任何不带电的物体，比如，我们的手，来验证这一理论。我们会发现，当我们的手靠近带电的梳子时，梳子真的会转动。

刚才的实验证明，在自然界中，并不存在单方面的作用力，受力的物体一样会产生反作用力。需要指出的是，这是自然界中非常普遍的现象。这一现象随处可见：

任何力的作用都发生在两个物体之间。

电的斥力

下面，我们继续把带电的梳子系在绳环上，来进行一个实验。我们知道，梳子会被任何靠近它的物体所吸引。那么，问题来了：

如果我们用另一个同样带电的物体靠近它，会发生什么现象呢？通过实验，我们会发现，两个带电物体之间的相互作用有多种情况：

● 如果用带电的玻璃棒靠近梳子，它们会相互吸引。

● 如果我们不用玻璃棒，而是用带电的火漆棒或者另一把带电的梳子靠近系在绳环上的梳子时，两个物体就会相互排斥。

这种现象其实是物理学上的一个定律：

异电相吸，同电相斥。

塑料或者火漆带的电是相同的，称为树脂电或者负电，而玻璃带的电是正电。也就是说，两种物体所带的电是相异的。现在，人们已经不用"树脂电"和"玻璃电"这种称呼了，一般的叫法是"负电"和"正电"。

"验电器"的工作原理就是利用了两个同极带电物体的相斥性。

这个仪器制作起来其实很简单，我们自己就可以制作。

第1步：找一个能塞住玻璃瓶口的软木塞，或者用硬纸剪一个圆片。

第2步：在软木塞或者圆片中间穿一条芯线，芯线的一头要露出来。

第3步：在芯线的下端，我们用蜡油固定两块小的薄铝片或者卷烟用的锡纸。

第4步：把软木塞塞到瓶子上，或者用圆片盖在瓶口上，用火漆封住。

这样，我们就做好了一个验电器，如 图35 所示。

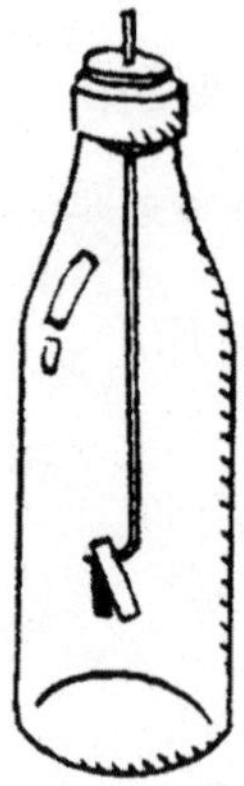

如果我们用一个带电的物体靠近瓶盖上的芯线，那么，带电物体上所带的电就会传给铝片或者锡纸，由于铝片或者锡纸带的电相同，所以它们会相互排斥。

图35　简易验电器

反过来，用一个物体靠近芯线时，如果铝片或锡纸相互排斥，那就说明，这个物体是带电的。

如果你觉得这个仪器做起来不容易，我们再介绍一个更简单的方

法。不过，这个验电器可能没有
那么灵敏，但它同样可以用来验
电。如 图36 所示，找一根小木
棒，在一端系两个接骨木做的小
球，要保证小球能够相互接触。一个
验电器就做成了。把待检测的物体靠近
其中一个小球，如果另一个小球被排
斥了，就说明物体带电。

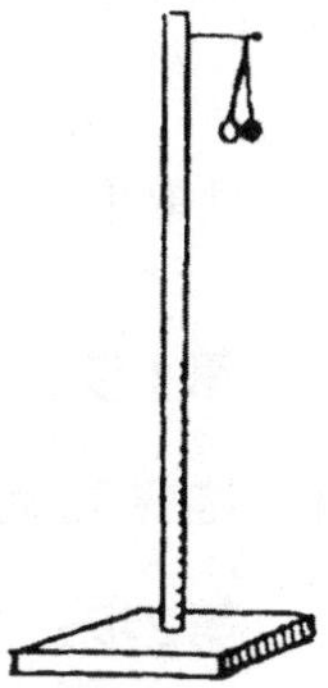

图36　同电相斥的接骨木球

图37 是另一种验电器。在软
木塞上插一个大头针，上面挂
上一条对折的锡纸。如果用带
电的物体靠近大头针，锡纸张开
的角度就会变大。

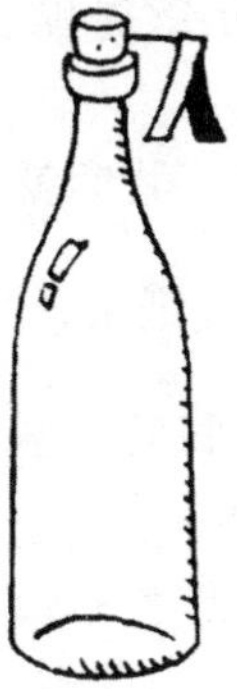

图37　同电相斥的锡纸

下面，我们再来制作一个
简单的"仪器"。通过它，
我们可以看到电的另一个特
性：电只是聚集在物体的表

电的另一个特点

面，并且只聚集在物体的凸出部位。

第1步：用火漆把两根火柴竖直固定在火柴盒的两侧，这样就做成了一个基座。

第2步：剪一个宽度跟火柴的长度差不多的纸条，纸条的长度大概是火柴长度的3倍。

第3步：将纸条两端分别卷在两根火柴上。在纸条的两面分别贴上几张锡纸剪成的小纸片。

下面，我们就用这个仪器来进行一个实验。

●拉直纸条，用带电的火漆棒靠近它。这时，纸条和锡纸会带上同样的电。我们会看到，纸条两面的锡纸翘了起来。

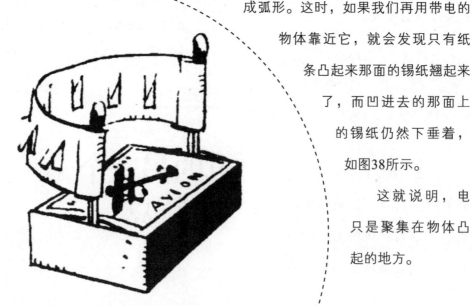

●改变火柴基座的位置，使纸条的一边折成弧形。这时，如果我们再用带电的物体靠近它，就会发现只有纸条凸起来那面的锡纸翘起来了，而凹进去的那面上的锡纸仍然下垂着，如图38所示。

这就说明，电只是聚集在物体凸起的地方。

图38　电聚集在物体凸起的地方

更进一步，如果我们把纸条弯成"S"形，就会看到，只有在纸条凸出来的地方，那里的锡纸才会有电。

用不准的天平称重

精准的天平与精准的砝码相比，谁更重要些？很多人可能觉得是前者，实际上，后者更重要。如果砝码不精准，称出来的重量就不可能准确；可是，如果天平不精准，一样可以准确地称出物体的重量。

比如，我们用杠杆和两个茶杯做一个天平，显然，这个天平是不精准的，它能用来准确称重吗？先不要怀疑，我们就用它称一下。做法是这样的：

第1步：在一个茶杯里放上一个物体，要求这个物体比需要称重的物体略重一些。

第2步：在另一个茶杯里放上砝码，使杠杆达到平衡。

第3步：把需要称重的物体放到装有砝码的茶杯中。

显然，这时，杠杆会变得倾斜，我们必须拿掉一些砝码，才能保

持杠杆的平衡。由此可知，拿掉的那些砝码的重量就是需要称重的物体的重量。其中的道理很简单：杠杆两端的物体和砝码对茶杯产生的作用力是相等的，所以它们的重量也必然相等。

用不准的天平称重，这是伟大的化学家 门捷列夫 想出来的一个巧妙的办法。

> 门捷列夫（1834—1907），俄国科学家，发现化学元素的周期性，依照原子量制作出世界上第一张元素周期表。

绳子会在哪里断开

图39　绳子会从哪里断开

如图39所示，找一根木棒，固定在门缝中间，在木棒上绑一条绳子，在绳子中间系一本书，最好是重一点儿的书，在绳子的头上系一把尺子。这时，如果我们用力拉尺子，绳子会从哪里断开？是书上面，还是书下面？

其实，两种情况都有可能，这取决于你拉尺子的方式。

- •如果你拉得非常慢，绳子就会从书上面断开。
- •如果猛地用力拉尺子，绳子就会从书下面断开。

这是因为，当我们慢慢拉绳子时，绳子的上端除了受到手施加给它的拉力外，还受到书的重力作用；而对于绳子的下端来说，只受到手的拉力作用。如果猛地拉绳子，作用力的作用时间就会非常短，对于绳子的上部分来说，还来不及感受明显的作用力，所以它不会被扯断。这时，拉力主要集中在绳子的下端，所以绳子会从下端断开。哪怕绳子的下半段比上半段粗，也改变不了这个结果。

纸条会从哪里断开

用剪刀剪一条纸条，长度有手掌那么长就行了，宽度大概2厘米就行。下面，我们用这条纸条来做一个很有意思的实验。

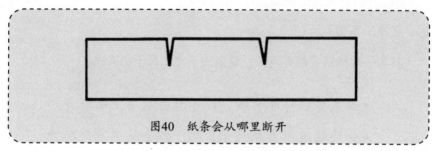

图40　纸条会从哪里断开

如图40所示，在纸条上用剪刀剪两个小口。这时，你就可以问周围的人："如果从两边扯纸条，它会从哪里断开？"

"当然是从小口那里断开了。"人们肯定这样回答。

"那么，会断成几截呢？"你接着问他们。

很多人会以为，当然是三截。

下面，你就可以通过实验来验证这些人说得对不对。

实验会告诉他们，纸条并没有断成三截，而是两截。

不管你重复多少次实验，也不管纸条长宽如何，更不管剪开的口是大是小，纸条只可能被扯成两截。至于纸条会从哪个地方断开，就像俗话说的，"哪里细，就从哪里断"。这是因为，被剪开的那两个口，不管你多么认真地想把它们剪成一样，它们总会或多或少有差别，总是一个深一些，一个浅一些。小口深一些的地方就会更容易断开。而一旦纸条从这个小口断开，随着口子变大，这个地方的承受力就会变得越来越弱，于是纸条就会从这个口断开。

其实，这个实验看似简单，却涉及了一个物理学上的重要概念，就是"物体的阻力"。

找一个空的火柴盒，如果我们使劲用拳头砸它，会发生什么呢？

相信绝大多数人都会认为，火柴盒肯定会被砸烂。也会有极少数人认为：火柴盒完好无损。

那么，到底哪个答案是正确的呢？我们通过实验来验证一下：

如图41所示，把空火柴盒里面的内屉拿出来，按图示方法摆放。然后，我们用拳头使劲砸向火柴盒。

用拳头砸空火柴盒会发生什么

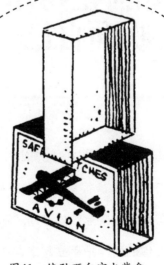

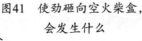
图41 使劲砸向空火柴盒，会发生什么

67

你会发现，火柴盒和内屉都被砸飞了，但是它们只是跑到了别的地方，不管是外盒套还是内屉，基本跟之前一样，没有什么损坏。

这是因为，火柴盒产生了非常大的弹力，正是这个弹力，保护了火柴盒。有时候火柴盒会稍微变形，但仍然是好的，绝不会被砸烂。

如何把物体吹向自己

把一个空火柴盒放在桌上。如果让你把它吹远，我想你一定会认为这是一件非常简单的事情。那反过来呢？如果让你再把它吹回来，前提是不能把头伸过去，你可以做到吗？

回答：相信很多人都做不到这一点。有人可能想把火柴盒吸过来，但最后火柴盒纹丝不动。那么，究竟如何做呢？其实方法非常简单，让你的同伴把手立起来，放在火柴盒后面，然后，你向他的手吹气，气流碰到手掌就会被弹回来，作用于火柴盒，就把火柴盒吹回来了。

怎么样？是不是很简单？

需要注意的是，放火柴盒的桌子要足够光滑，特别是不能铺桌布之类的东西。

挂钟走慢了 该如何调整

如果墙上的挂钟（带钟摆的那种）走慢了，如何调整钟摆，才能使它正常呢？反过来，如果挂钟走快了又该如何调整呢？

对于带钟摆的挂钟来说，钟摆越短，摆动的速度越快。这一点，我们可以用系重物的绳子来验证一下。根据这一原理，很容易就可以得出上面问题的解决方法。

答案就是：如果挂钟走慢了，稍微缩短一下钟摆的长度，挂钟就正常了；如果挂钟走快了，就反过来，增加钟摆的长度。

会自动平衡的木棒

如 图42 所示，分别伸出两手的食指，放在桌子上，在上面架上一根光滑的木棍。如果两根手指相互靠近，直到完全贴紧，你会惊奇地发现，手指完全贴紧时，木棍并没有掉下来，而是仍然保持着平衡。你可以改变手指原来的位置，重复几次这个实验，结果都是如此，木棍始终保持平衡。当然，你还可以用画图尺、手杖、台球杆等代替木棍，也会得到同样的结果。这是为什么呢？

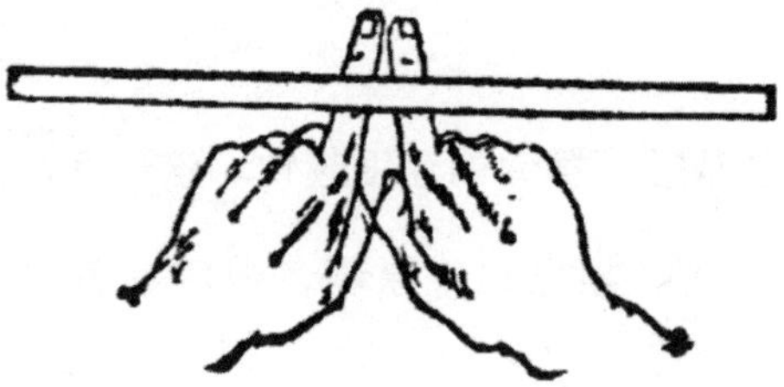

图42 保持自动平衡的木棍

我们知道，如果木棍在紧贴的手指上保持平衡，说明手指正好在木棍重心的正下方。

分开手指时，物体的大部分重量就会作用在靠近物体重心的那根手指上。而压力越大，所产生的摩擦力就会越大，所以距离物体重心越近的手指，摩擦力也越大。于是，靠近重心的手指滑动起来就困难一些，而远离重心的手指移动得会更顺畅一些。当这根手指移动得离重心更近时，两根手指的角色就会发生变化。这个过程会重复多次，直到两根手指紧贴在一起。所以，每次都是远离重心的那根手指在移动，最后的结果就是，两根手指紧贴的那个地方正好是木棍的重心位置。

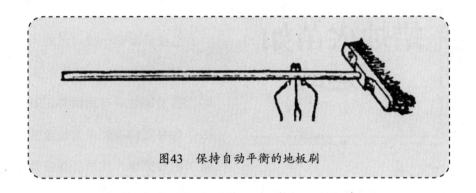

图43　保持自动平衡的地板刷

如图43所示，我们还可以用地板刷来做这个实验。那么，如果我们从手指紧贴的地方把地板刷折成两半，然后把它们放在天平上称重，哪一半更重呢？是把手的那一半，还是有刷子的那一半？

有人可能以为，既然地板刷能在手指上保持平衡，那么这两半的重量应该相等。实际上，带刷子的那一半更重一些。这是因为，地板刷在手指上保持平衡时，手指两边承受重力的力臂是不相等的。放在天平上的时候，虽然重量没有变，但是这时的力臂相等。

在彼得堡文化公园的"趣味科学馆"，我买了一些重心在不同位

置的木棍，并把它们沿重心的位置折成了两段。

当我把两段木棍分别放在天平两端称重时，参观者都惊讶地发现，短木棍竟然比长木棍重！

蜡烛火苗如何运动

当我们拿着一根点燃的蜡烛从房间的一头走到另一头时，会发现烛苗向后倾斜。那么，如果我们事先把蜡烛放在封闭的灯笼里，然后提着灯笼走时，烛苗会倾斜吗？如果我们提着灯笼匀速地转圈，烛苗又会发生什么变化？

有的人可能以为，把蜡烛放在封闭的灯笼里，移动时烛苗不会发生任何倾斜，这其实是错误的。

我们还可以用点燃的火柴代替蜡烛进行实验。在走动的时候，我们用手护住火苗，但是火苗依然会发生倾斜。不过，令人惊讶的是，火苗是向前倾斜，而不是向后倾斜。火苗为什么会向前倾斜呢？

这是因为，火苗的密度比周围的空气小。在同等的作用力下，密度小的物体产生的运动速度更大，灯笼里的蜡烛也是一样，当我们提着装有蜡烛的灯笼行走时，由于烛苗的运动速度比空气的速度快，于是烛苗会向前倾斜。

运动时，火苗的速度会比周围空气的速度更快。根据这一原理，我们可以得出：当我们提着装有蜡烛的灯笼进行圆周运动时，火苗会向内倾斜，而不是向外。

实际上，这个现象很容易理解，如果我们观察过离心机里面旋转的小球中水银和水的运动状态，就可以理解这里烛苗为什么向内倾斜了。在离心机里旋转的小球中，水银离旋转轴的距离比水远。如果我们把沿离心轴向外的方向看成下方，那么水就像浮在水银上一样。

前面提到，因为烛苗比周围的空气轻，所以当灯笼旋转时，从灯笼往旋转轴的方向看，烛苗就像浮在空气上一样。

液体会产生向上的作用力吗

我们知道，一切物体在重力的作用下，都会产生向下的作用力。液体也不例外，会对容器的底部，甚至侧面和内壁都产生作用力，这一点很容易理解。但是，你有没有想过，液体也有可能产生向上的作用力！

下面，我们通过煤油灯的玻璃管，来验证这一说法的真实性。

第1步：找一块硬纸板，从上面剪一个玻璃管口大小的圆片，只要正好能盖住瓶口就行。

第2步：把小圆片贴在玻璃管的口上，然后把玻璃管倒立浸入水中。

需要注意的是，在把圆片浸入水里的过程中，我们可以用手指压着圆片，或者用细线拉住圆片，以防止圆片掉落。

当玻璃管浸入水中一定深度时，我们会发现，即便不用手指压或用线拉，圆片一样可以紧贴在玻璃管上。也就是说，水给了圆片一个向上的作用力，使得它没有从瓶口掉下来。

其实，我们甚至可以测量出这个力的大小。如 **图44** 所示，把另一个玻璃瓶里的水慢慢倒进这个玻璃管里，当内外水位持平的时候，圆片就会掉下来。也就是说，水对圆片产生的向上的作用力正好等于水柱对圆片的向下的作用力。

图44　将水慢慢倒进玻璃管，
圆片会掉下

刚才已经说过，这段水柱的高度就是圆片浸入水中的深度。换句话说，液体对浸入其中的物体产生的压力就是这么大。同时，正是由于这个原因，物体在液体中会"失去"重量，这就是物理学上著名的阿基米德定律。

我们还可以找几根形状不同但管口大小相同的玻璃管，来检验另一个关于液体的物理定律：

> 液体对容器底部产生的压力，只与容器的底面积和液面的高度有关，而与容器的形状没有任何关系。

我们事先在不同的玻璃管上分别贴上纸条，而且，这些纸条的高度要相同。然后用它们分别进行上面的实验。值得注意的是，把它们浸入水中的深度都是相同的，如图45所示。也就是说，每次纸片掉落时，管内的水位都是一样的。只要水柱的成分和高度相同，不管什么形状的水柱，都会产生相同的压力。这个实验关注的是液体的高度，而不是长度，如果水柱倾

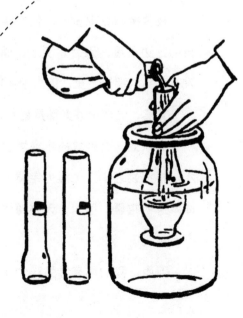

图45　纸片在同样的水位落下

斜了，只要底面积相同，而且它的垂直高度与竖直方向水柱的高度相同，二者对底部产生的压力也是相同的。

天平哪边重一些

在天平一端放一个装满水的水桶；在另一端也放一个一样的水桶，里面也装满了水，不同的是，这边水桶上漂着一块木头。那么，天平会向哪边倾斜呢？

我曾经问过很多人，他们给出了不同的答案。有的人认为，有木头的这边更重，因为除了水，桶上还漂着一块木头呢！而有的认为，没有木头的那边更重，因为木头比水轻。

其实，这两个答案都是错的，两边是一样重的。

实际上，有木块的水桶里面的水会少一些，因为木块挤出了一些水。根据物理学上的浮力定律，物体所排开的液体的重量等于这个物体本身的重量。所以，天平两边的这两个水桶的重量是相等的，天平不会倾斜！

下面，我们再来看另一个问题。在天平一端放一个玻璃杯，里面装上一些水，旁边放一个砝码；而在天平的另一端，我们只放砝码，使天平达到平衡。这时，如果我们把玻璃杯这边的砝码放进杯子里，天平会有什么变化？

根据阿基米德定律，砝码放入水中，它的重量会变小。于是，有人可能会说，把砝码放到水里后，有玻璃杯的这一端会翘起来。实际上，天平仍然保持平衡。这是为什么呢？

这是因为，当我们把砝码放入玻璃杯后，杯子里面的水位会上升。这时，水对玻璃杯底部的压力就变大了，而且，增大的这部分作用力正好等于砝码的重力。

如何让竹篮能打水

相信很多人都听说过"竹篮打水"的典故。其实，这一典故并不是只发生在童话中。通过学习一些物理学知识，我们是可以实现一些看似不可能的事情的。下面，我们就来做一个实验。

第1步：找一个直径15厘米的筛子，注意筛眼不要太

大，大概1毫米就行了。

第2步：我们把筛子浸到融化的石蜡中，过一会儿拿出来，筛面上就会盖上一层薄薄的、很难用肉眼看出来的石蜡。

其实，这仍然是个筛子，如果我们用大头针来实验，会发现它仍然可以自由通过。但是，你会发现，这个筛子确实可以打水了，而且，它竟然可以支撑住相当多分量的水，而水并没有从筛眼中漏下去。不过，需要注意的是，在倒水的时候，我们一定要非常小心，而且保证筛子不会剧烈晃动。

那么，问题来了，水为什么没有漏下去呢？

这是因为，水使石蜡变得湿润，就会在筛眼的表面形成一层凹下去的薄膜，如图46所示，这层薄膜能够撑住筛子里面的水。

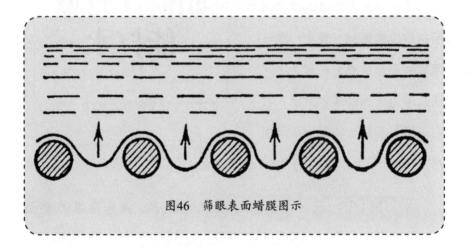

图46　筛眼表面蜡膜图示

当然了，如果我们把这个筛子放到水面上，它也不会沉下去，而是浮在水面上。这是同样的道理。

怎么样？这个实验是不是非常不可思议？

其实，这个实验可以帮助我们解释生活中的很多现象。比如，在制作水桶或者造船的时候，通常在它们的表面涂上树脂；或者在软木塞和木栓上涂油脂或润滑油……这些做法都是利用油性物体的不透水性，使它具有刚才筛子的性质。生活中这样的例子还有很多，比如，将纺织品浸到胶里，等等。这些行为的本质都是一样的，只不过，我们都已经习以为常了。

肥皂泡中的奥秘

很多人认为，吹肥皂泡还不简单吗？其实，这并不像你想的那么简单。吹肥皂泡可能确实没有什么技巧，但是要想把肥皂泡吹得又大又好看，就不那么简单了，这需要一个熟能生巧的过程。

虽然说了这么多，有人依然觉得，吹肥皂泡太微不足道了，这有什么意义吗？

的确，有的学生并不喜欢做这件事，所以这个话题并不能帮助我们拉近彼此的距离。但是，对于物理学家来说，他们的看法却不一样。

达尔文（1809—1882），英国生物学家，生物进化论的奠基人。代表作有《物种起源》《小贝格尔号科学考察记》等。

达尔文曾经说过这么一段话："吹肥皂泡，观察肥皂泡。我们可以穷尽一生来研究这一问题。通过它，我们可以不断领悟新的物理知识。"

事实的确如此。通过肥皂泡表面奇妙的色彩，可以帮助我们测量出光波的长度；通过研究薄膜的表面张力，可以帮助我们研究微粒之间的相互作用力。正是由于有了这些把微粒连在一起的相互作用力，才使得这个世界上除了灰尘，不再有其他的物质存在。

下面，我们来做一个实验，当然了，这个实验的目的不是解决什么严肃的物理问题。但是，通过这个实验，我们会更好地了解吹肥皂泡这一艺术。下面，我们就从中选取几个简单的实验介绍一下。

如何制作吹肥皂泡的水呢？

其实，就用普通的黄色洗衣皂来制作就可以。不过，这些合成皂制成的肥皂水虽然也可以吹出肥皂泡，但相对来说，不如纯的橄榄皂或者杏仁皂吹泡的效果好。用橄榄皂或者杏仁皂制成的肥皂水，可以吹出又大又好看的泡泡。具体制作方法是：

把肥皂小心地放入干净的凉水中，让它慢慢溶解，直到肥皂水的浓度足够浓。其实，最好的水是雨水或者雪水，这类水更容易溶解肥皂。如果没有雨水或者雪水，我们可以用煮开的或者冰冻过的水来代替。

柏拉图也做过肥皂泡的实验。他发现，如果
事先在肥皂水中加入一些甘油，与肥皂水的比例
是1：3，肥皂泡就会支撑得更久一些。

柏拉图（约公元前427—
公元前347），古希腊伟大的
哲学家、思想家。代表作有
《理想国》。

制作好肥皂水后，用勺子轻轻把它表面的薄膜和泡沫撇出去。然
后，把一根细长的陶管放到肥皂水溶液里，需要注意的是，陶管内外
要提前抹一些肥皂水。我们还可以用稻草秆来代替陶管。稻草秆的长
度只需要10厘米，而且底部要剪成十字形。

具体的吹肥皂泡方法是：

把陶管垂直插到肥皂水里。这样，管子周围便形成了
一圈薄膜。这时，我们小心地往管里吹气。从我们肺部吹
出的温暖空气就会跑到肥皂泡里去。这些肥皂泡比周围的
空气轻一些，于是，它们就会向上拱起。

如果我们能吹出直径10厘米的泡泡，说明肥皂水
制作得刚刚好，如果吹不出来，说明我们需要继续往
溶液里加肥皂，直到可以吹出这样的肥皂泡为止，如
果你照着这个方法配制，是很容易成功的。

吹起肥皂泡后，把我们的手指浸入肥皂水蘸湿，然后
用手指戳肥皂泡，看能不能戳破。如果没有戳破，我们就
可以进行下面的实验了；如果肥皂泡被戳破了，就再加一

些肥皂到肥皂水中。

需要说明的是：在做实验的时候，动作一定要小心缓慢，而且要保证光线充足明亮。否则，我们就可能看不到彩虹的颜色了。

下面，我们就来看几个实验。

实验一：罩着小花的肥皂泡。找一个盘子或者托盘，在上面倒一点儿肥皂水。肥皂水要能覆盖整个盘底，而且高度要达到2～3毫米。这时，我们在盘子中央放一朵小花，再找一个漏斗，如图47（A）所示，把小花罩起来。然后，我们慢慢把漏斗拿起一边，并用吸管对着漏嘴吹气。你会看到，一个肥皂泡被吹了出来。等肥皂泡足够大时，把漏斗倾斜，并慢慢与肥皂泡分开，如图47（B）所示。这时，小花就会被一个圆形的透明肥皂泡罩住，在它的表面，我们还可以看到彩虹的颜色。

实验二：一个套一个的肥皂泡。如图47（C）所示，用上面实验中的漏斗吹一

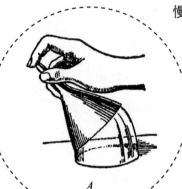

A

B

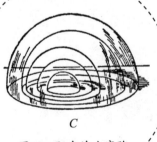

C

图47　肥皂泡小实验

个大的肥皂泡。然后，把吸管完全插到放肥皂水的杯子里，尽量插得深一些。接着，把吸管从肥皂水中慢慢拿出来，穿过大肥皂泡的薄膜，插入托盘中肥皂水的中央，接着，小心地抽回一点儿吸管，不要把它从肥皂泡里抽出来，吹第二层肥皂泡。这时，你会发现第二个肥皂泡被套在了第一个肥皂泡的里面。接着，用同样的方法再吹第三个、第四个……

　　实验三：做肥皂泡圆筒。这里，我们要用到两个铁环。首先，我们吹一个普通的球形肥皂泡，把它挂在下面的铁环上，在它上面放一个被肥皂水浸过的铁环，然后，往上拉这个铁环，就会把肥皂泡拉成圆柱形，如 **图48** 所示。有意思的是，在拉的过程中，如果我们把铁环拉得比它的周长还长，后来的肥皂泡圆柱有一半会收缩，另一半会变大，最后分成两个肥皂泡。

图48　肥皂泡圆筒

对于肥皂泡来说，它表面的薄膜是被拉紧的，而且肥皂泡里面的空气会向外产生一个压力。如 图49 所示，如果我们把肥皂泡靠近火苗，会发现这个力并不小，这一点可以从火苗的倾斜度看出来。

图49　肥皂泡中空气的力

通过观察肥皂泡，我们还可以发现一些其他有意思的事情：如果我们把一个肥皂泡从温暖的房间拿到寒冷的地方，它的体积会变小；反过来，如果我们把它从寒冷的地方拿到温暖的房间里，它又会变大。这是由于肥皂泡里的空气会随着环境的温度收缩或膨胀。

举个例子来说：

在−15℃的环境中，一个肥皂泡的体积如果是1000立方厘米，那么当我们把它拿到15℃的房间里时，肥皂泡的体积增加了：

$$1000 \times 30 \times \frac{1}{273} \approx 110（立方厘米）$$

需要指出的是，在一定条件下，肥皂泡甚至可以坚持10天而不会破裂。对很多人来说，这也许是非常不可思议的事情。 杜瓦 也曾经做过肥皂泡实验，他把它们保存在一些特制的瓶子里，这些瓶子具有防尘、防干燥、防空气震动的性质。他发现，

詹姆斯·杜瓦（1842—1923），英国物理学家、化学家，他设计了"杜瓦瓶"，成功液化了氧气、氢气等多种气体，为低温物理的研究提供了条件。

有些肥皂泡能坚持1个月甚至更长的时间都没有破裂。美国科学家劳伦斯做的实验更夸张，他把肥皂泡放在玻璃罩内，好几年后肥皂泡才破裂。

漏斗为什么"不工作"

当我们用漏斗把液体灌到瓶子里的时候，要时不时把漏斗拿起来一下，否则，液体就可能漏不下去了。这是因为，瓶子里有空气，如果不把空气排出来，就会对漏斗里面的液体产生压力，导致液体漏不下去。当液体流进瓶子里后，瓶子里面的空气会在液体的压力下收缩。但是，如果空气被压缩到一定程度，它会产生一个很大的压力，这个压力足够把液体挡在漏斗里，不让液体向下流。因此，我们要时不时把漏斗拿起来一下，以便让瓶子里的空气排出来。这样，漏斗里的液体才会继续流下去。

明白了这一原理，我们可以这样来制作漏斗：

在漏斗下方管状部位的外侧制作一些纵向的突起，使漏斗无法完全贴紧瓶口。

但是，在日常生活中，我很少看到有人使用这样的漏斗，我只在实验室里见过这样的装置，而且它们并不是漏斗，而是过滤器。

翻转水杯，杯里的水有多重

有人可能认为："水杯里的水没有任何重量。因为如果翻转水杯，里面的水会被倒出来！"那么，如果水杯里的水并没有被倒出来呢？你又会得出什么结论？

实际上，我们的确可以做到，只要翻转水杯，不让里面的水倒出来就可以了。

如 图50 所示，在天平的一端，吊着一个翻转的玻璃杯，里面盛满了水，但是水并没有流出来。这是

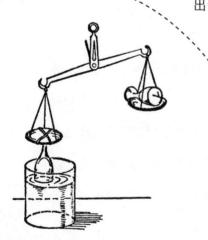

图50　哪边的天平重

因为，玻璃杯的杯口浸在一个装满水的容器里。在天平的另一端，放着一个相同的玻璃杯，这个玻璃杯是空的。那么，天平会向哪边倾斜?

答案是：天平会向有水的玻璃杯那边倾斜。这是因为，杯子上部会受到空气的压力，而下部的压力被杯子里面的水的重量抵消了一部分，所以天平的这一端重一些。要想让天平保持平衡，我们可以在另一端的玻璃杯里装满水。你会发现，倒过来的杯子里面的水的重量跟正放时的重量完全一样。

不听话的瓶塞

通过下面的实验，我们可以知道，压缩后的空气会产生非常大的作用力。

实验所需要的工具是：一个普通的玻璃瓶和一个瓶塞，而且要求瓶塞比玻璃瓶的瓶口稍微小一些。

把玻璃瓶竖直放在桌子上，瓶塞放在瓶口位置，让一个人把瓶塞吹到瓶子里去。

这件事看起来很容易，但是你会发现，不管这个人如何用力，瓶塞就是钻不进瓶子里面去。相反，瓶塞还可能会飞到这个人的脸上!

而且，这个人越是用力吹，瓶塞反弹得越快。

其实，要想把瓶塞弄进瓶子里去，恰恰应该反过来，不是对着瓶塞吹气，而是对着瓶塞吸气。

是不是太奇怪？这是为什么呢？

原因就是：当我们朝瓶口吹气时，空气会沿着瓶塞与瓶口内壁之间的空隙进到瓶子里去。这就使得瓶子里的空气压力增大，于是压力就把瓶塞挤了出来。反过来，如果我们吸气，瓶子里的空气就会变得稀薄。在外部较大的气压下，瓶塞很自然地就会落到瓶子里。

需要注意的是，在做这个实验的时候，要保证瓶口完全干燥，如果瓶口有水，瓶塞就会与瓶口的内壁产生摩擦，这时即便很用力地吸气，瓶塞也有可能落不到瓶子里去。

不会燃烧的纸

如何让靠近烛苗的纸条不被点燃？

第1步：把纸条包在铁块上，就像缠绷带一样。选择的纸条尽量细窄一些，这样实验效果更好。

第2步：把铁块放在蜡烛上。

这时，纸条最多会被火苗熏黑，而不会被火苗点燃。

这是为什么呢？原因就在于，跟其他金属一样，铁块具有非常好的导热性，它把纸条从烛苗那儿得到的热量全部吸走了。

如果将铁块换成木块，纸条会很容易被烧着。这是因为木头的导热性非常差。如果换成铜条，这个实验就会更容易成功。

我们还可以把细绳绕在钥匙上，这时，实验就变成了"不会燃烧的绳子"。

神秘风轮

第1步：找一张又轻又薄的纸（比如卷烟纸），剪出一个正方形。

第2步：沿着正方形的两条对角线分别对折，然后再展开，找到正方形的重心（两条折线的交点）。

第3步：找一根细针，竖直固定在桌子上（比如，固定在软木塞上），针头朝上。把正方形的纸放在针头上，

使针头对准它的重心。

可以想象，由于纸的重心位置受到向上的支持力，所以它会保持平衡。但是，如果有一丝风吹来，纸就会在针头上旋转起来。

到此为止，我们可能还没有认识到这个装置的神秘之处。如 图51 所示，如果我们按照图示的方法用手慢慢靠近它，一定要慢，否则气流会改变纸的运动。

这时，我们会看到非常奇怪的现象：纸开始旋转。一开始的时候，它转得很慢。之后，它转得越来越快。如果把手拿开，它马上停止旋转。可是，如果把手靠近，它就会继续旋转。

大概在19世纪70年代，人们还没有搞清楚这一装置的原理，曾把这个现象看成一种超自然能力。一些神秘主义者甚至以此支持自己的学说，并以为自己终于找到了证据。他们认为：人体可以释放一种神秘的力量。其实，这并没有什么神秘的，原因很简单，当我

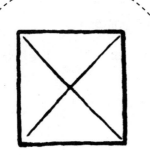

图51　把手靠近，
纸开始旋转

们用手靠近纸的时候，手下方的空气感受到了手的温度，向上流动，在上升过程中，碰到了纸，又因为之前我们将纸沿对角线对折了一下，这样纸就会向下倾斜，于是纸就转动了起来。

如果仔细观察，我们会发现，纸是朝着一定的方向旋转的。确切地说，它是沿着手腕向手指的方向旋转的。这是因为，我们手上的各个部位的温度是不同的，指尖的温度低一些，而手掌的温度高一些，所以靠近手掌的地方形成的气流会更强一些，对纸产生的作用力也就更大一些；而手指附近的热气流弱一些，所以作用力也会小一些。

毛皮大衣能保暖吗

有人可能会说，毛皮大衣并不保暖，你认为他说得对吗？甚至有人通过一堆实验来论证这一观点，你又是如何辩驳他的呢？

下面，我们就来看一个实验：

论据1：找一支温度计，记住读数，然后把这支温度计放在毛皮大衣的里面。几个小时后，我们把温度计拿出

来，会发现温度计的读数没有任何变化，放进去之前是几度，现在还是几度。

于是，有人据此认为，毛皮大衣并不保暖。还有人说："毛皮大衣不仅不保暖，还会降低温度。"他是从下面的实验得出这一结论的。

论据2：找两个冰袋，一个放在大衣里面，一个随便放在房间的某个桌子或者凳子上。几个小时后，等桌子或者凳子上的冰袋融化后，我们把大衣里的冰袋拿出来，会惊奇地发现，冰袋甚至还没有开始融化。这说明，大衣不但不会使冰块升温，甚至还阻碍了冰的融化……

我们应该如何辩驳这两个理论呢？又该怎么推翻这些所谓的论据呢？

其实，没有任何方法。如果把保暖看成是传递热量，那毛皮大衣确实不能保暖。台灯可以传递热量，炉子也可以传递热量，人体也可以传递热量，所有这些都在向外散发热量。但是，毛皮大衣并不能传递热量。它不会向外散发热量，它的作用只是阻碍身体热量的散发。所以，我们穿上皮毛大衣之后，会比不穿感觉暖和一些。

关于论据1：温度计本身并不向外散发热量，所以如果把它放在毛皮大衣里，它的温度不会变化。

关于论据2：放在毛皮大衣里的冰袋之所以能保持低

温，是由于皮毛大衣的导热性非常差，室内空气很难向大衣里传递热量。

从这个意义上来说，积雪也可以充当毛皮大衣的角色，大地可以在积雪的作用下保持温度。这是因为，雪的导热性也很差。其实，粉粒状的物体导热性都很差，所以积雪覆盖在地上后，会阻碍地面热量的流失。如果用温度计进行测量，积雪覆盖的土壤的温度比裸露的土壤的温度高多了。有人试验过，这个温度差大概有10℃。对于农民来说，他们就非常了解积雪的保暖作用。

回到最初的问题：毛皮大衣能保暖吗？我们可以这样回答：毛皮大衣可以帮助我们防止热量流失，从而使自己暖和。换句话说，是我们使大衣变热了，而不是大衣使我们变热了。

冬天如何给房间通风

冬天如何给房间通风呢？

最好的做法是： 在壁炉烧火的时候，打开通风窗。这样，寒冷新鲜的户外空气就会把室内较轻的暖空气挤到壁炉

里。于是，室内的空气就会通过烟囱排到室外。

但是，如果通风窗是关闭的，室内的空气就无法排到室外。这是因为，关闭通风窗时，室外的空气只能通过墙壁的缝隙进入室内。但是，这些冷空气的量并不能维持壁炉的燃烧。所以即便通过地板缝隙或者房间的间隙进入室内一部分空气，这些空气也是不干净且不新鲜的。

可以用开水将水烧开吗

找一个小玻璃瓶，在里面倒上水，然后把它放在装有水的锅里，开火加热。需要提醒的是，小玻璃瓶不能接触锅底。我们可以用绳子把小玻璃瓶吊起来。当锅里的水开始沸腾时，我们注意观察小玻璃瓶里的水，看上去，它似乎也很快就要沸腾了。但是，在等了很久之后，小玻璃瓶里的水却总沸腾不起来，虽然瓶里的水变得很烫很烫，但就是不沸腾。也就是说，锅里的开水并不能使小玻璃瓶里的水沸腾。

怎么样？这个结果是不是有点儿出人意料？其实，我们早就应该想到的。我们知道，要想使水沸腾，不仅需要加热到100℃，还需要有足够的热能储备。比如，在100℃时，纯净水会沸腾，在通常的气压下，无论怎么加热，水温都不会超过这个值。对于小玻璃瓶里的水来说，锅里的水就是它的热源，这个热源确实可以使小玻璃瓶里的水温达到100℃。但是，在达到100℃之后，锅里的水就不再向小玻璃瓶的水传递热量了。所以，不管我们如何加热锅里的水，都无法提供多余的热能，使瓶里的水转化为水蒸气。一般来说，要想使1克100℃的水转化为水蒸气，需要的热量大概是2000焦耳。所以，玻璃瓶里的水虽然会被持续加热，但就是不会沸腾。

那么，你有没有想过，小玻璃瓶里的水和锅里的水有什么不同？它们之间只是隔着一层玻璃而已，为什么小玻璃瓶里的水就是不沸腾呢？

所以，这里还有一个原因，玻璃会妨碍小玻璃瓶里的水参与锅里的水流运动。对于锅里的任何一滴水来说，都有可能碰到锅底，但小玻璃瓶里的水只是接触了沸腾的水。

所以，用纯净的沸水是不能使小玻璃瓶里的水沸腾的。但是，如果我们把锅里的水换成盐水，或者往锅里撒点儿盐，就不一样了。这是因为，盐水的沸点要大于100℃，所以就会使小玻璃瓶里的水沸腾。

可以用雪将水烧开吗

在前面的分析中，我们知道了，用纯净的沸水无法使玻璃瓶里的水沸腾。那么，有的读者可能会问了："用雪呢，可以吗？"关于这个问题，我们先来看一个实验，然后再来回答。

继续用前面的小玻璃瓶作为实验的道具。往里面倒入半瓶水，然后把它放在沸腾的盐水中。前文说了，这样做可以使瓶里的水沸腾起来。当瓶里的水沸腾时，我们把它拿出来，迅速用瓶塞塞紧。然后，把瓶子倒过来，当水不再沸腾的时候，往瓶子上浇一些开水，我们会发现，水并没有沸腾。但是，如果往瓶子的底部放一点儿雪，或者在瓶子的底部浇一点儿冷水，如 **图52** 所示，我们会惊奇地发现：水又开

图52　用雪让水沸腾

始沸腾了！雪或冷水竟然可以让水沸腾，太神奇了！如果用手摸一下这时的瓶子，会发现瓶子并不是很烫，只是有点儿热而已。但是，瓶子里的水的确在沸腾。

这是为什么呢？原因在于，雪或冷水降低了玻璃瓶的温度，于是，瓶子里的水蒸气凝结成了水滴。在水第一次沸腾时，瓶里的空气已经被排出瓶外了。在瓶里的水变凉后，其所受到的气压会变低。我们知道，气压变低，液体的沸点也会变低，所以，虽然我们看到瓶里的水沸腾了，但那并不是100℃的热水。

如果玻璃瓶很薄，在水蒸气突然凝结时，有可能引起爆炸。这是因为，瓶内的气压如果瞬间变得很低，瓶身可能抵挡不住瓶外的气压。也就是说，外界的气压有可能把瓶子压碎。其实，这里说爆炸可能夸张了一些。所以，做这个实验的时候，最好用圆形的玻璃瓶。这样，外界的气压就会作用在拱形上，瓶子不会轻易被压碎。

如果不是用玻璃瓶，而是用装煤油、润滑油之类的白铁罐，那实验就真的非常危险了。如 图53 所示，在外界气压的作用下，内部充满水蒸气的白铁罐会立即被压

图53　在外界气压作用下白铁罐被压扁

扁。这是因为，遇冷后，罐内的水蒸气瞬间变成了水滴。

从图中可以看出，白铁罐会被压得皱巴巴的，就像被什么东西砸过一样。

蝈蝈在哪里鸣叫

把你同学的眼睛蒙上。然后，让他坐到房间的中间，不要转头。在房间的不同地方用一枚硬币敲击另一枚硬币。在这样做的时候，尽量使自己与同学保持固定的距离。让同学猜一猜你是在什么地方敲击硬币的。我想，他无论如何也猜不到。当你在房间这边敲击的时候，他可能以为你在另一边。

但是，如果你始终站在同一个方向，你的同学可能就会猜得出来。这时候，当你敲击硬币的时候，同学离你较近的那只耳朵听到的声音就会响一些，于是就可以大致判断出声音的来源。

通过这个实验，我们就可以理解为什么我们总是找不到鸣叫的蝈蝈在哪里。你好像听到叫声就在离你右边两三步的地方，但是当你往那里看的时候，却什么也看不到。突然，声音又到了左边，可是还没等你把头转过来，声音又从另一个方向传来。你可能以为，蝈蝈真是麻利，一会儿在这里，一会儿又跑到了那里。实际上，蝈蝈并没有移动位置，它可能一直待在原地呢！这些都是你的错觉。之所以你会产生这样的错觉，就是因为你不停地转头，使你误以为蝈蝈飞到了另一个地方。通过刚才的实验，我们也知道了这种错误是很容易犯的，明明蝈蝈就在眼前，可你却以为它在你后面。

所以，要想找到蝈蝈的叫声、杜鹃的唱歌声或者别的什么声音的来源，我们应该把眼睛侧到一边，让耳朵对着声音，而不是把眼睛转向声源。事实上，我们所说的"侧耳倾听"，就是这个意思。

从哪里传来的回声

当声音碰到墙壁或其他的障碍物时，它会折返回来，重新钻进我们的耳朵。于是，我们就听到了回声。

要想听到回声，需要满足一个条件，就是声音的发出与返回之间具有一定的时间间隔。否则，折返回来的声音就可能跟最初的声音融合，只起到加强第一个声音的作用。如果房间足够大足够空，就会很容易听到回声。

可以计算一下，你站在一个非常开阔的地方。在你前面33米的地

方有一堵墙。你在这边拍打手掌，经过33米的路程后，声音会从墙壁那里折返回来。那么，这个过程大概是多长时间？

分析可知，因为它来回的距离相同，都是33米，折返回来的声音一共走过的距离是66米。

它所用的时间就是：$\frac{66}{330}$，也就是0.2秒。

一般在中学物理计算中，取声速为340米/秒，这里为了计算方便取330米/秒。

如果第一个声音非常短，可以在0.2秒的时间内完成，那这两个声音就不会重合，我们可以先后听到这两个声音。

我们在发出一个单音节的单词，比如"是"或者"不"时，所需要的时间大概就是0.2秒。所以，如果我们站在33米远的距离，就可以听到单音节词的回声。

如果是双音节词，这两个声音就会重合，回声加强到了前面的声音上，由于前后有时间差，反而会使声音变得不清楚，而且，我们根本无法听到两个声音。

要想听到双音节词的回声，像"哎呀"等，与障碍物的距离应该多远呢？

首先，我们需要弄清楚双音节词的发音时间是多少。有人计算过，发出一个双音节词大约需0.4秒。在这个时间内，声音到达障碍物后再折返回来。

也就是说，这个距离是人与障碍物之间距离的2倍。所以，在0.4秒内，声音走过的距离就是：

$$330 \times 0.4 = 132 \text{（米）}$$

这个距离的一半是66米。也就是说，如果想听到双音节词的回声，人距离障碍物至少是66米。

我想，你应该可以自己计算出来，如果是三音节词，这个距离大概是100米。

自制玻璃瓶演奏架

如图54所示。找两根长杆，把它们水平架在两把椅子上。在每根长杆上，分别挂上8个装有水的玻璃瓶。不过，

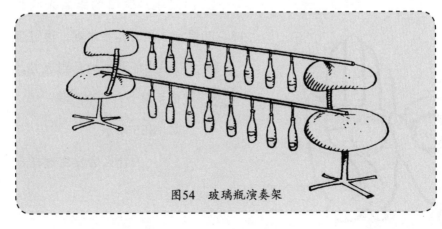

图54　玻璃瓶演奏架

每个瓶子里的水不一样多。第一个瓶子里面的水基本上是满的，后面瓶子里面的水一个比一个少。最后那个瓶里面只有一点点水。

再找一根干燥的小木棍，这样乐器就制作好了。用小木棍敲击这些瓶子，就可以发出不同音阶的音调。而且，你会发现，瓶子里的水越少，音调越高。所以，如果你想调出某个音调，可以通过增加或者减少瓶子里的水量来实现。

得到两个八度后，你就可以用这个乐器演奏一些简单的曲子了。

透视手掌

把一张纸卷成筒状，用左手把它放在左眼上，透过它向远方看去。同时，把右手对着右眼，而且要贴近纸筒。两只手跟眼睛的距离大约为15～20厘米。这时你会发现，透过手掌，右眼也能清晰地看到远方，就像手掌上有一个圆洞一样，如 图55 所示。

为什么会发生这样奇

图55　透过手掌看到什么

怪的现象呢？

原因就在于，我们的眼睛具有自我调节的功能，为了看清楚远处的物体，左眼里面的晶状体进行了自我调节。实际上，眼睛的构造与工作是相互协调的。当一只眼睛这样变化的时候，另一只眼睛也会这样。

在这个实验中，右眼会跟着调整为远视状态，所以反而看不清眼前的手掌了。

而如果左眼透过纸筒看清了远处的物体，右眼也会跟着看向远处，而忽略眼前的手掌。所以，你会误以为眼睛透过手掌看向了远处的物体。

镜子中的秘密

生活中，有一些常识并不被人们所熟知，比如，生活中常用的镜子，也不见得人人会用。我们经常看到这样的景象，有人为了看清楚镜子中的自己，把灯放在自己的后面，以为这样可以照亮自己。其实，这种做法是错误的，灯照亮的只是我们的影子罢了。

镜子中的景象与实物是完全相同的吗？对于这个问题，我们可以通过下面的实验来验证一下。

坐到桌子的前面，并在桌子上竖直放一面镜子，再在镜子前面放一张纸。你能在这张纸上画出一个带对角线的长方形吗？请注意，画的时候不要看自己的手，而是通过镜子，观察手的动作。

你会发现，这件看似简单的事情变成了无法完成的任务。其实，在不断进化的过程中，人们的视觉印象和运动感觉达成了相互默契。但这里的镜子却破坏了这种默契，在眼睛看来，手的运动是变形了的。以往形成的习惯会不停地反抗你的每一次运动：当你想往右画时，手却往左动，反过来也是一样。

画线条还算是简单的，如果让你在镜子前画一些更难的图形，或者通过镜子里的空行写字，你会发现，写出来的字你一个也不认识，就像天书一样。

在镜子里,吸墨纸上面的字也是对称的。通过镜子，看签了名的吸墨纸，你能把它读出来吗？你会发现，你一个字也不认识，即便是写得很清楚的字，也由于跟习惯上的字不一样，让你根本认不出来。但是，我们可以再找一面镜子，把它垂直放在纸上，并使它对着原来的镜子。你会发现，所有的字都恢复了正常。也就是说，通过镜子的两次反射，把反向后的影子又反向了一次，使它显现出了本来的面目。

透过彩色玻璃会看到什么颜色

如果透过绿色玻璃看红色的花，花会变成什么颜色？用它看蓝色的花呢？

对于绿色的玻璃来说，只有绿光能够透过去，其他的光线都会被阻挡住。红色的花只能反射红色的光，而不能反射其他颜色的光。所以，如果透过绿色玻璃看红色的花是没有任何光线反射过来的，也就是说，透过绿色玻璃所看到的红花是黑色的。

很容易理解，如果透过绿色玻璃看蓝色的花，看到的花也是黑色的。

米·尤·比阿特洛夫斯基是一位伟大的物理学家，也是一位画家。他对大自然有着敏锐的观察力，在他的著作《夏季旅行中的物理学》中，记录了很多这方面的知识，非常有意思。我们从书里摘抄了几段，供读者参考：

> 如果透过红色的玻璃观察纯红色的花，比如，天竺葵，看上去就像纯白色的花一样；旁边的绿叶看上去是黑色的，甚至有种金属的光芒；而蓝色的花几乎全部淹没在

黑色的背景里，根本分辨不出来；黄色、玫瑰色或者淡紫色的花也一样，它们都不同程度地变暗了许多。

如果透过绿色的玻璃观察，会发现绿叶变得极其明亮；在绿色的衬托下，白色的花变得非常耀眼；黄色和蓝色的花看上去淡一些；而红色的花则变成了暗黑色；淡紫色和淡粉色的花变得暗淡发灰，比如，野蔷薇淡粉色的花瓣看上去甚至比周围浓密的叶子还要暗。

如果透过蓝色的玻璃观察红色的花，看到的依然是黑色；白色的花看上去很明亮；黄色的花也是全黑的；天蓝色或蓝色的花看上去非常耀眼，就像白色一样。

于是，我们就知道了：跟其他颜色的花相比，红花更容易把红色光线反射到我们的眼中；而黄色的花几乎反射了等量的红光和绿光，但几乎不反射蓝光；粉红色或紫色的花能反射一定数量的红光和蓝光，但是几乎不反射绿光等等。

Chapter 2
关于报纸的
物理小实验

"用脑子看"是什么意思——报纸变重了

"我想好了，"哥哥用手拍拍暖气片，跟我说，"咱们晚上一起做几个新实验。"

"实验？新实验？！太好了！"我激动地说，"我们现在就来做吧！"

"不行。实验要晚上做，我现在还有别的事呢。"

"去拿实验仪器吗？"

"什么仪器？"

"实验要用的仪器啊！实验不需要发电吗？"

"不用，我已经准备好了，就在我的包里呢——你休想从我这儿拿走，"哥哥看出了我的心思，一边穿衣服，一边对我说，"让你找你也找不到的，你只会给我添乱！"

"真的准备好仪器了？"

"真的，你就放心吧！"

哥哥走了，可是他却把装着实验仪器的书包落在了桌子上。如果铁块跟人一样有感觉的话，它一定能够明白我当时的感受。我看到哥哥的书包就像铁块遇到了磁铁，书包强烈地吸引着我，让我没有心思想别的事情。我想如果让我就这样看着它，我一定会没命的。

奇怪，发电用的仪器怎么可能装在书包里？它怎么可能那么扁平？书包并没有上锁，我小心地往里面看了一眼——里面好像有一个用报纸包住的东西，不像是箱子，像是几本书。除了书还是书，此外再没有别的东西。我其实早应该想到的，哥哥是在跟我开玩笑呢，发电用的仪器怎么可能装在书包里嘛！

过了一会儿，哥哥回来了，手里什么也没有。看到我沮丧的样子，他立刻明白了。

"看样子，你看过我的书包了？"哥哥问道。

"发电用的仪器呢？"我反问。

"就在书包里呀！你不是看到了吗？"

"可是，里面只是几本书啊！"

"发电器就在里面，你没仔细看。刚才你是怎么看的？"

"怎么看？！当然是用眼睛看啦！"

"我就知道，你只用眼睛看了。告诉你，要搞清楚看到的东西是什么，只用眼睛看是不行的，'得用脑子看'。"

"什么是'用脑子看'？"

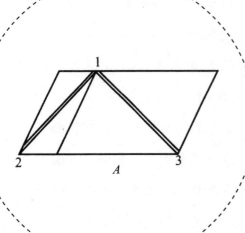

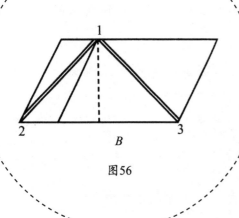

图56

"你想知道'只用眼睛看'和'用脑子看'有什么不同吗？"

我点了点头。哥哥从口袋里拿出一支铅笔，并在纸上画了一幅图，如图56（A）所示，然后说："图中的双线条表示铁轨，单线条表示公路。下面，你仔细观察这幅图，告诉我哪条铁轨更长一些，是1到2这一条，还是1到3这一条？"

"当然是1到3这一条了。"

"这就是你'只用眼睛看'得到的结果。你再用脑子看试一试。"

"那该怎么看？我不会。"

"'用脑子看'就是这样的：通过1作一条垂直于2到3这条公路的直线，"说着，哥哥在图上画了一条虚线，如图56（B）所示，他接着说，"公路被这条线分成了几部分？"

"两部分，并且相等。"

"没错，两部分相等。也就是说，虚线上的任意一点到2和3的距离相等。下面，如果我再问你：是1到2近还是1到3近？"

"显然，1到2和1到3的距离是相等的。但是，在没有画虚线之前，看起来好像右边的铁路要长一些。"

"一开始，你只是'用眼睛看'，后来你'用脑子看'了。这就是区别。"

"明白了。那发电器呢？"

"发电器？就在书包里啊！它原封不动待在那里呢。你没发现吗？那说明你还是没有'用脑子看'。"

说着，哥哥从书包里拿出那几本书，并且，把纸包小心打开，把报纸递给我："这就是你要的发电器。"

我充满疑惑地看着报纸。

"你可能以为这只是一张报纸，"哥哥继续说，"只'用眼睛看'，它确实是报纸。但是，如果你'用脑子看'，就会发现，它还是一个物理机器。"

"物理机器？晚上的实验用它来做？"

"没错。你肯定以为，报纸那么轻，即便只用一根手指，也可以把它举起来。下面，我会让你看到，这张报纸会变得非常重。把刚才画图用的尺子给我。"

"这把尺子上面有缺口，可以吗？"

"当然可以。这样即使弄坏也没关系。"

说着，哥哥把尺子放在桌子上，一端悬空在桌子外面。

"碰一下悬空的部分。是不是很容易就能把它弯下去？下面，我用报纸盖住桌子上的那一端，你再试试，看看能否弯折尺子。"

接着，哥哥把报纸铺在桌上，并小心把它抚平，并盖住尺子。

"你去找一根小棍，使劲击打尺子悬空的那一端。记住，一定要用尽全力哦！"

"啊？那尺子肯定会把报纸掀到天花板上！"我一边说着，一边用木棍使劲击打悬空的尺子。

"要用尽全力哦！"

随着我的全力击打，响起一声清脆的断裂声，尺子被我打断了，然而，报纸并没有飞起来。它纹丝不动地盖在桌子上的那一截尺子上。

"报纸是不是很重？"哥哥戏谑地问我。

我看看断了的尺子，又看看报纸，不知道如何回答。

"这就是你说的电学实验？"

"是的，不过，这并不是电学实验。天黑了我们再做电学实验。我只是想说，报纸一样可以用来作为实验用的仪器。"

"可是，为什么报纸没有被掀起来呢？你看，我可以非常轻松地把它从桌子上拿起来。"

　　"这就是刚才实验的关键。击打尺子的时候，报纸受到了非常大的空气压力。确切地说，在每平方厘米的报纸上，大概有1千克的压力。刚才在你击打尺子的时候，桌子上的尺子对报纸产生了一个向上的压力，报纸只是抬起了一点儿。但是，如果你击打的动作非常慢，空气就会从报纸的下面钻进缝隙中，这样的话，报纸上下受到的力就会被平衡。但是，由于你刚才的击打速度非常快，所以即便报纸中间抬起了一点儿，但大部分仍贴在桌子上。这时空气还来不及钻到报纸下面。于是，你要抬起的就不仅是一张报纸，而是报纸以及它上面的空气。换句话说，报纸的面积有多大，你要抬起的压力就有多大。比如，如果报纸是正方形的，边长为4厘米，报纸的面积就是$4 \times 4 = 16$平方厘米，那么它所受到的空气压力就是16千克。而在刚才的实验中，报纸的面积可不止16平方厘米，大概是50平方厘米，也就是说，你刚才抬起的是大概50千克的压力。这个重量对尺子来说根本承受不住，所以它当然会断裂了。现在，你相信用报纸也可以做一些实验了吧？……好了，天黑后我们再来做电学实验。"

手指上的电火花

哥哥用一只手把报纸按在烘热的炉子上，另一只手拿一把刷子刷它，就像油漆匠贴墙纸时，用刷子把墙上的墙纸展开一样。

"看！"说着，哥哥把两只手同时拿开。我还以为报纸会掉到地上呢，令人惊讶的是，报纸贴在炉子平滑的瓷砖上，就像被粘住了一样，根本没有掉下来。

"它是怎么贴在上面的？"我问，"你刚才没有涂胶水呀！"

"是电，电把报纸粘住了。带电的报纸会被炉子吸住。"

"你刚才没跟我说，书包里的报纸带电呀？"

"它一开始是不带电啊。我刚才刷它的时候，它才带上电的。换句话说，通过刷子的摩擦，让报纸带上了电。"

"这就是你说的电学实验？"

"是的。不过，这只是开始……把灯关上。"黑暗中，我只能看到哥哥的身影，以及白色壁炉上灰色的斑点。

"跟我来！"

其实，我已经猜到，哥哥接下来要做的事肯定令人难以置信。只见他从壁炉上拿下报纸，托在一只手上。接着他张开另一只手的手指，慢慢靠近手上的报纸。

这时，我看见哥哥的手指上迸射出了火花，蓝白色的火花！长长的！太不可思议了！

"这是电火花。你想试一下吗？"

我吓得把手藏到后面，说什么也不敢做！哥哥又把报纸贴在壁炉上，用刷子刷了几下，手指上又迸溅出长长的火花。我发现，其实他的手指并没有碰到报纸，距离报纸还有几厘米呢！

"试一下，不用害怕，根本不疼。给我你的手！"他抓起我的手，把我拉到壁炉那儿，"张开手指！……对，就是这样！怎么样，疼吗？"

我还是没有看清楚蓝色火花是怎么从我的手指上迸射出来的。映着火花，我看到哥哥只是拿起了报纸的一半，另一半仍粘在壁炉上。当火花迸射的时候，我觉得手指有轻微的针刺感，但是一点儿也不疼，所以我就不害怕了。

"我还想再来一次。"这一次，轮到我请求哥哥了。

哥哥又把报纸贴在壁炉上，然后直接用手摩擦它。

"哥哥！你忘了用刷子刷了！"

"没关系。好了，你继续吧！"

"这次肯定不行,你根本没有用刷子刷,而是用手,这怎么行?!"

"我的手是干的,跟刷子一样。只要摩擦就可以让报纸带上电。"果然,我的手指又迸射出了火花,跟前面刷子刷过时一模一样。

我又试了几次后,哥哥说道:"好了,可以了。下面,我让你看看电流,也就是哥伦布和麦哲伦在轮船的桅杆顶端看到的东西——给我一把剪刀!"

哥哥把剪刀弄湿,拿在手上,然后用另一只手从壁炉上取下报纸。我以为,我仍然会看到火花,但却没有。我看到的是剪刀的顶端射出一束束蓝红色的光。其实,剪刀距离报纸还有一段距离。同时,我还听到了轻微的嗞嗞声。

"这也是电火花,只不过比刚才的大多了。水手们经常在桅杆上看到。它有一个好听的名字,叫'圣艾尔摩之火'。"

"圣艾尔摩之火"这个名称起源于3世纪时的意大利圣人圣艾尔摩,他被视为海员的守护圣人。以前,当人们在狂暴的雷雨中看到船只桅杆上出现发光的现象时,都归论于守护圣人艾尔摩显灵保佑,因而得名。圣艾尔摩之火经常发生于雷雨中,在如船只桅杆顶端之类的尖状物上,产生如火焰般的蓝白色闪光。

"它是怎么产生的?"

"你是想问'是谁把带电的报纸放在桅杆上的'吗,其实,那里根本没有报纸,但那里有带电的云,就飘在桅杆的上方。云的作用跟报纸是一样的。不要以为这种现象只在海上才出现。我们在陆地上，特别是在山上，一样可以见到。恺撒曾经说过这样一段话：在一个多云的晚上，他的一个士兵的刺刀尖头也迸射出过这样的火花。对于勇敢的水手和士兵来说，他们一点儿也不怕电火花。相反，他们认为这是一种好的象征。虽然这并没有任何科学道理。有时，山上的人一样会迸射出电火花，位置一般在他们的头发、帽子，或者耳朵等露在外面的部位，而且还会伴有嗡嗡的声音，就像刚才剪刀发出的声音那样。"

"那这种电火花会不会把人烧伤？"

"不会的。其实，这并不是火，而是光，确切地说，是冷光。它的热量非常少，连一根火柴都不如，不会造成任何伤害。我们还可以用火柴来代替剪刀，你看，火柴头周围也有电火花，但是火柴并没有被点燃。"

"看起来火柴好像在燃烧，你看，火柴头上有火苗！"

"打开灯，看看火柴到底烧着了没有。"

果然，火柴不仅没有被点燃，而且火柴头仍然是凉的。看来，刚才看到的的确是冷光，根本不是什么火苗。

"打开灯吧！下一个实验我们要开着灯做。"

听话的木棍

说着，哥哥把椅子放到房间的中央，接着把一根木棍横放在椅背上。

哥哥试了好几次才把木棍平衡地放在椅背上，虽然木棍只有一个点接触在椅背上，但它并没有掉下来。

"木棍竟然能保持平衡！"我说，"它那么长！"

"就是因为长，才能保持平衡。如果是短木棍，比如，铅笔，就不行了。"

"嗯，铅笔肯定不行。"我应道。

"下面，我们开始做实验。如果不碰木棍，你能让它转到你那边去吗？"

我犹豫了好一会儿。

"如果在木棍的一端套一个绳环……"我说道。

"不能用绳子，更不能碰到木棍，可以吗？"

"哦！我想到了！"

接着，我靠近木棍，将嘴巴凑近使劲吸了一口气，想把木棍吸过来，可是木棍纹丝不动。

"动了吗？"

"一点儿也没有。这是不可能的！"

"不可能？看我的！"

说着，哥哥把刚才粘在壁炉瓷砖上的报纸拿下来，然后慢慢地把它靠近木棍的一侧。当报纸距离木棍大概半米时，木棍感受到了报纸的吸引力，开始向报纸的方向转动起来。哥哥就那么拿着报纸，指挥木棍在椅背上来回转动，一会儿左，一会儿右。

"看，带电的报纸对木棍的引力非常大，所以移动报纸，木棍就会跟着动。"

"这个实验是不是不能在夏天做？夏天壁炉是凉的。"

"壁炉在这里的作用是烘干报纸，因为这个实验所需要的报纸必须完全干燥，否则就可能失败。你可能发现了，报纸会吸收空气中的湿气，所以平常总感觉报纸有些湿。因此，做这个实验时必须先把报纸烘干。夏天一样可以做这个实验，只不过效果可能没有冬天好。这是因为，冬天屋子里的空气比夏天干燥得多。做这个实验，空气必须是干燥的。如果在夏天做这个实验，我们可以用厨房的炉灶。在刚做完饭炉灶还没有冷却时——当然了，要保证不会把报纸烧着——

把报纸放在上面烘干。然后，再把它铺在一张干燥的桌子上，用刷子使劲摩擦。报纸一样会带电，不过效果没有放在壁炉的瓷砖上好。今天就做到这里吧，明天我们接着做其他实验。"

"也是电学实验吗？"

"是的，而且实验所用的'仪器'还是报纸。我给你介绍一本很有意思的书，里面讲到法国著名自然科学家索绪尔，在山上就经历过'圣艾尔摩之火'。那是1867年的事情了。索绪尔和他的伙伴们到达了海拔3000多米的萨尔勒山峰。书里面详细记录了这一经历。"

说着，哥哥从书架上拿下一本书，书的名字叫《大气》，并把它翻到某一页让我看。

山中的电能

大家终于爬到了山顶，纷纷把铁皮包着的棍子放在了山岩上。正要吃饭时，索绪尔感觉自己的肩膀和后背一阵刺痛，就像被针扎了一样。

索绪尔后来回忆道：

我以为，肯定是大头针扎到我的亚麻披风里了，于是我把披风脱下来。可是，我仍然感到阵阵刺痛，它遍及整个肩膀和后背，而且越来越痛，还伴有一点儿刺痒，就像有只黄蜂在皮肤上爬一样。于是，我又把里面的大衣也脱掉。同样地，也没有找到扎人的东西。疼痛还更加严重了，并有一种灼伤感。我想，是不是毛背心烧着了。我正想脱掉毛背心，突然听到一阵嗡嗡声。我寻找声源，发现它是从山岩上的棍子上传来的，就好像水被加热马上要沸腾发出的声音一样。这个声音和刺痛感持续了大概5分钟。

这时，我终于明白了，疼痛感来自于山上的电流，只不过，由于白天的光线太强，根本看不到棍子上的电光。不管你把棍子朝着哪个方向，哪怕是垂直拿着，它都会发出这种刺耳的声音。只有一种情况没有任何声音，就是放在地上的时候。

几分钟后，我发现自己的头发和胡子都翘了起来，就像有人用一把干燥的剃须刀刮我的脸一样。不仅是我，还有一位年轻的同伴也和我一样，胡子也翘了起来，而

且耳朵上射出了强烈的电流，他吓得尖叫起来。我举起手，看到电流从手指射出去。

我们马上离开了山顶，向下走了100米的样子。越往下走，棍子发出的声音越弱，后来，只有把耳朵贴在棍子上才能隐约听到一点儿声音。

这是索绪尔的一段亲身经历。除此之外，他还在书中描写了一些其他关于"圣艾尔摩之火"的故事：

在多云的天气，如果云朵距离山顶非常近，凸起的山岩就会发出电流。

1863年10月，瓦特康与几个游客去攀登瑞士的少女峰。一天早晨，天气非常好，他们就要靠近峰顶了。这时，突然刮起了一阵大风，还夹着冰雹。一声巨大的雷鸣过后，瓦特康听到棍子上发出一阵咝咝的声音，就像水壶烧开的声音一样。游客们停下了脚步，他们发现，每个人带着的杆尺和斧头都发出了同样的声音。声音一直持续不停，有人把棍子和斧头的一端插到地上，声音突然消失了。于是，其他人纷纷效仿。有一位旅客脱掉了帽子，突然，他觉得自己的头发像被烧着了一样，吓得大喊大叫起来。其他人看到他的头发竖了起来，好像带上电了。同时，所有人都感觉脸上和身上的很多地方有刺痛的感觉。瓦特康的

头发也直直地竖了起来，他的手一动，手指顶端就会发出
咝咝的电流声。

跳舞的纸人

哥哥没有骗我。第二天天黑后，他又开始做起了实验。只见他首先把报纸"粘"在壁炉上。然后，他跟我要了一张厚厚的作业纸——比报纸还厚，用它剪了一些非常好笑、姿态各异的小纸人。

"下面，我们让这些小纸人跳舞。给我一些大头针！"

哥哥在每个小纸人的脚上都钉了一枚大头针。

"这是为了不让小纸人飞走，或者被报纸带走。"说着，哥哥把小纸人放在了茶托上，"下面，正式开始！"

哥哥从壁炉上"撕下"报纸，两手水平托着，慢慢移动到茶托上方。

"起！"哥哥说道。

图57　会跳舞的小纸人

我惊呆了，纸人就那么站了起来。它们就那么站着。当哥哥把报纸移开时，它们才会倒下。过了一会儿，哥哥又把报纸移近，小纸人又站了起来。哥哥就那么来回移动报纸，小纸人也就一会儿站起来，一会儿倒下去，如 图57 所示。

"如果没有在小纸人上扎大头针，它们就会被报纸吸引过去，贴在报纸上。看！"说着，哥哥把几个小纸人上的大头针取下来，"它们是不是粘到报纸上了，并且粘得非常牢？这其实是电流的引力。下面，我们来做一个电流斥力的实验。剪刀呢？"

纸 蛇

我把剪刀递给哥哥。只见他把报纸重新贴到壁炉上。然后，在报纸的一边，从下往上，剪出了一条细细的纸条，不过，他没有剪断它，而是在最上面留了一点儿。之后，按照同样的方法，他又剪了第二条，第三条……他一共剪了六七条纸条。这时，他把这些纸条整个剪了下来，这样就做好了一个纸须。不过，跟我想的一样，纸须并没有滑下来，而是仍然贴在壁炉上，如图58所示。

接着，哥哥一只手按住纸须的上端，另一只手

图58

拿刷子刷了几下纸须。然后，他把纸须从壁炉上拿下来，用手拿着纸须的上端，如图59所示。

我发现，纸条并没有自然下垂，而是相互排斥，整个纸须的下端张了开来。

哥哥解释道："纸条之所以相互排斥，是由于它们带了相同极的电。如果靠近不带电的物体，它们就会被吸引。比如，如果我们把手从下面插进纸须中间，纸条就会粘到我们的手上。"

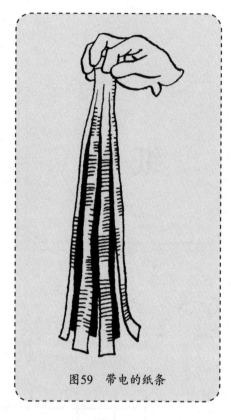

图59 带电的纸条

听到这里，我真的蹲下身，把手从纸条中间的空隙插了进去。其实，我是想看看，能不能把手插到空隙中，很遗憾，并没有成功，纸条就像蛇一样，缠在了我伸过去的手上。

"你不怕这些蛇吗？"哥哥问。

"这有什么可怕的，纸蛇又不是真的蛇。"

"不怕！让你见识一下它们的厉害！"

竖立的头发

说着，哥哥把纸条举到自己的头顶上方，然后我看到哥哥的头发都竖了起来。

"这是实验吗？告诉我，这真的是实验吗？"

"是的，这就是我们刚才的实验，不过我们换了一种方式。报纸让头发带上了电，当头发被报纸吸引时，又会相互排斥，就像这些纸条一样。给我镜子，我让你看看头发是如何竖起来的。"

"疼不疼？"

"一点儿也不疼。"

果然，我没有感觉到一丝疼痛，甚至也没有感到痒。与此同时，我从哥哥手里的镜子中看到，自己的头发也一根根地竖立着。

之后，我们又重复了一遍昨天晚上的实验。然后，哥哥结

束了"表演"，并答应我，明天做新实验。

小闪电

接下来的一天晚上，哥哥在实验前进行了一些奇怪的准备。

哥哥先是拿了3个水杯，在壁炉边烤了一会儿后放到了桌子上。接着，他又把托盘放在壁炉边烤了一下，然后把它盖在了刚才的水杯上。

"你这是在做什么？"我奇怪地问，"不是应该将托盘放在下面，把水杯放在它上面吗？"

"别着急，我们来做一个小闪电实验。"接着，哥哥便开始制作"发电器"，就是前面一节中提到的报纸。哥哥把报纸对折，放在壁炉上刷。然后，哥哥从壁炉上"撕下"报纸，平铺在了托盘上。

"用手摸一下托盘，看看它凉不凉。"

我没有过多思考，直接把手伸向托盘。突然，我感觉像有什么东西扎我的手指一样，又痒又疼，吓得我赶紧把手缩了回来。

哥哥放声大笑："被电着了吧？刚才你有没有听到噼啪声？这就是小闪电的声音。"

"嗯，我感觉到非常强烈的刺痛，但是没有看到闪电啊！"

"把灯关上，我们再做一次，这次你肯定能看到。"

"我再也不想摸托盘了！"我坚定地说。

"不需要用手碰。你去找一把钥匙或者汤匙来。用它接触就行。这一次，我先做，你在旁边先观察一下。"

说着，哥哥关上了灯。

"闪电来了哦！看——"我在黑暗中听到哥哥的提醒声。

接着，我听到了噼啪声，还在托盘和钥匙之间看到了半根火柴长的明亮的蓝白色火花，如 图60 所示。

图60　托盘和钥匙之间的蓝白色火花

"看到闪电没有？是不

是还听到了雷声？"哥哥问我。

"嗯！可它们跟我之前看到的现象不一样，是同时发生的，雷声不是总比闪电慢吗？"

"对，平常我们总是先看到闪电，再听到雷声。但是，实际上它们是同时发生的，就和刚才的实验一样。"

"那为什么我们平时听到的不是这样呢？"

"这是因为，闪电是光，而光的传播速度非常快，所以它可以在一瞬间通过很长的一段距离。但是，雷声是声音，声音在空气中的传播速度比光慢多了，到达我们耳朵的时间就会晚得多。所以，我们总是先看到闪电，过一会儿才会听到雷声。"

哥哥把钥匙递给我，从托盘上拿下报纸。这时，我的眼睛已经适应了黑暗。

"如果不用报纸，还会有火花吗？"

"你可以试一下。"

在钥匙距离托盘还有好一段距离的时候，我就看到了明亮的、长长的火花。

哥哥又重新把报纸平铺到托盘上，我再一次从托盘中引出了火花。不过，这次的火花比刚才弱了很多。接着，哥哥把报纸从托盘上拿走，过了一会儿，又把报纸放在托盘上，来回做了几十次之多。虽然每次我都能引出火花，但一次比一次弱。

引流实验

"如果不是用手，而是用丝线或者绸条拿走报纸，火花持续的时间就会长一些。等你学了物理后，就会明白其中的缘由了。现在，我们再来做一个实验，你只需要用眼睛看就行，不需要用脑子看。在这个实验中，我们用厨房的水龙头来做。报纸就先放在壁炉边烤着吧！"

我们把水龙头打开，水流打在洗碗池底部，发出很大的响声。

"如果让你选择水流的方向，你想让它往哪边流？是左边还是右边？"

"左边。"我随口说道。

"好的。不要用手碰水龙头哦，等着我。"

　　一会儿，哥哥把壁炉边的报纸拿了过来，为了防止报纸上的电流流失太快，他尽量把手向前伸，让报纸离身体远一些。然后，他把报纸放在了水流左边。这时，我发现水流流向了左边。接着，哥哥又把报纸拿到另一边，水流又流向了右边。最后，他又把报纸拿到前面，水流便弯到了前面，很多水都溅到了洗碗池外面。

　　"有没有觉得电流的引力很大？其实，即便没有壁炉，我们一样可以进行这个实验，只需要找一把普通的橡胶梳子就行，比如这把。"说着，哥哥从口袋里掏出一把梳子，在自己的头发上梳了几下，"这时，梳子上就带上了电。"

　　"但你的头发不可能有电啊？"

　　"没错。每个人的头发本身都是不带电的，但是如果用橡胶来摩擦，它就会使橡胶带上电，就像刚才我们用刷子刷报纸会让报纸带上电一样。注意观察！"

　　说着，哥哥把梳子靠近水流，我看到水流也改变了方向。

吹气大力士

"下面，我们再来做一个实验，同样用报纸来做，不过不是关于电的，而是关于气压的，就跟前面我们做的那个尺子的实验一样。"

我们离开厨房，回到卧室，哥哥开始剪报纸，并把剪开的报纸粘成一个小袋子。

"等胶水干透，再来做实验，你先去找几本书，最好是厚点儿、重点儿的。"

我来到书架边，从上面找了3本又厚又重的医学方面的书，把它们放到了桌子上。

"只用嘴巴，你能把纸袋吹鼓吗？"哥哥问。

"当然可以了。"我说道。

"听起来很简单，是吧？不过，如果我在纸袋上压上这几本书呢？"

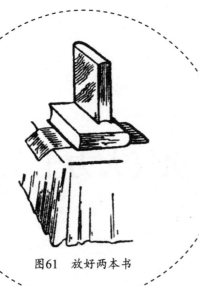

图61　放好两本书

图62　将两本书吹翻

"啊，那怎么可能？再用力也吹不起来。"

哥哥什么也没说，把干透的纸袋放在桌子边，拿了一本书平放在上面，又拿了一本书竖着立在平放的书上，如图61所示。

"注意观察，我这就把纸袋吹起来。"

"你不是要把书吹走吧？"我开玩笑道。

"没错！"

于是，哥哥便开始向纸袋吹气。你猜发生了什么？纸袋真的被吹得鼓了起来，并且把上面的那本书掀翻了，如图62所示。

我看呆了，还没等我反应过来，哥哥又做了一个实验，不过这次他在纸袋上压了三本书。他向纸袋中吹了一大口气，结果三本书都被掀翻了！哥哥真是大力士！

　　后来，哥哥也让我亲身体验了一把，我才知道这个实验并没有像看起来的那样不可思议。我也像哥哥一样，非常轻松地把书吹翻了，根本没有费什么劲！一切就那么自然而然地发生了，我甚至都没有用什么力气。

　　在我的疑惑中，哥哥解释了其中的原理。当我们向纸袋吹气时，吹进去的空气压力比外面的空气压力大多了，这样纸袋就会鼓起来。我们知道，外界空气的压强大概是1000克/平方厘米。我们可以大致估算一下被书压到的纸袋的面积，这样就可以很容易地计算出纸袋对书产生的作用力：

　　假设纸袋内外的压强差为$\frac{1}{10}$，也就是说，每平方厘米只有100克，那么纸袋内的空气所产生的作用力大概是10千克。这么大的力足够把书掀翻了。

　　到此为止，有关报纸的实验，我们就都做完了。

Chapter 3
生活中的常见物理问题

在称重台上

【问题】称重时，如果你往下蹲，那么在蹲下的一瞬间，称重台是向上运动还是向下运动？

【回答】向上运动。

这是因为，当我们蹲下时，肌肉会把我们的身体向下拉。同时，它也会向上拉我们的双脚，这就导致称重台所受到的压力变小，所以称重台会向上运动。

滑轮拉重

【问题】假设你可以将100千克的物体从地上抬起来，那么如果通过固定在天花板上的滑轮，你是否能抬起更重的东西呢？采用这种方法，你最多能拉起多重的物体？

【回答】其实，即便借助固定的滑轮，你所能拉起的物体重量也不会比空手抬起的重量大，甚至比空手抬起的重量还要小一些。这是因为，当你通过固定的滑轮拉物体时，你所能拉起的物体重量一般不会比你的体重大。你的体重一般不会大于100千克，除非你是一个大胖子！所以，你不可能通过这个方法拉起100千克的物体。

两把耙子

很多人容易混淆重力和压力的概念，其实它们并非一个意思。对于一个物体来说，它的重力可能很大，但是它所产生的压力可能非常小，甚至可以忽略不计；反过来，即便很轻的物体也可能产生非常大的压力。

下面我们就来举一个例子，从中你可以看出重力和压力到底有什么区别，并且学会如何计算一个物体对支撑物的压力。

【问题】地里有两把耙子，它们的构造相同，不同的是耙齿个数不一样，一把是20个，另一把是60个。加上重物，第一把重60千克，第二把重120千克。那么，哪把耙子耙地更深一些呢？

【回答】很多人会想，肯定是后一把。其实，就第一把耙子来说，它的总重量是60千克，它们分摊在20个耙齿上，所以每个耙齿所受到的压力为3千克。由此可以算出，第二把耙子的耙齿所受到的压力是2千克（$\frac{120}{60}$）。也就是说，虽然第二把耙子的总重量是第一把的2倍，但是它的耙齿耙得反而比第一把浅，因为第一把耙子每个耙齿所受到的压力是第二把耙子的1.5倍（$\frac{3}{2}$）。

酸白菜

下面，我们再来举一个关于压力的例子。

【问题】有两个木桶，里面装着酸白菜，上面都盖着圆木，圆木上面还放有石头。第一个桶上的圆木直径为24厘米，上面的石头重10千克；第二个桶上的圆木直径为32厘米，上面的石头重16千克。那么，哪个桶受到的压强更大一些？

【回答】首先我们要弄明白哪个桶上盖的圆木每平方厘米所受到的压力更大一些。

对于第一个桶来说，石头的重量是10千克，那么这些重量分摊到整个圆木上的面积就是：

$$3.14 \times 12 \times 12 \approx 452（平方厘米）$$

那么，每平方厘米圆木所受到的压力就是：

$$\frac{10000}{452} \approx 22（克）$$

而第二个桶上的圆木，每平方厘米所受到的压力为：

$$\frac{16000}{804} \approx 20（克）$$

也就是说，第一个桶受到的压强更大一些。

马和拖拉机在泥泞的土地上行走

【问题】我们知道，履带拖拉机一般都很重，但它却能在泥泞的土地上平稳行驶，而人和马虽然很轻，但是在泥泞的土地上行走的时候却很容易把脚陷进去甚至摔倒。很多人就想，拖拉机比人和马重得多，为什么人和马的脚容易陷进去，而拖拉机却不会呢？

【回答】要想搞清楚这个问题，需要弄清楚重力和压力的区别。

每平方厘米接触面积上所受到的压力越大，物体越容易陷进

去。对于履带拖拉机来说，虽然它自身的确很重，但是分摊到履带表面积上的压力比人和马脚上的压力小多了。

有人计算过，对于拖拉机来说，每平方厘米履带表面积上所受到的压力大概只有几百克。而对于人和马来说，每平方厘米接触面积所受到的压力超过了1000克，这大概是拖拉机的10倍。所以，我们就很容易理解，为什么人和马的脚很容易陷入泥泞的土地里，而履带拖拉机却不会。

相信很多人都看到过，为了使马能够在松软泥泞的土地上行走，人们通常在马蹄上套一个宽大的"底板"，它的作用就是增大马蹄的支撑面积，这样马就不会那么容易陷进去了。

冰上爬行

【问题】如果河水或湖泊上面的冰不够厚，但是你又想走过去，该怎么办呢？有经验的人会选择爬行。这样为什么就不会掉下去呢？

【回答】对于爬行在冰上的人来说，并不会因为趴着而使体重变轻，但是由于跟冰面的接触面积变大了，所以每平方厘米上所受到的压力就会变得很小。也就是说，压强变小了。

通过刚才的分析，相信你已经明白了为什么在冰上爬行比直立行走更安全，因为这样做会使压强变小。有时，人们甚至会找一块宽大的木板，躺在上面滑冰。

【问题】那么，冰到底可以承受多大的压力呢？

【回答】其实，这跟冰的厚度有关。只要冰的厚度超过了4厘米，就可以承受一个人的体重。

【问题】那么，要是想在冰上滑冰呢？需要多厚？

【回答】答案是10～12厘米，只要比这个厚就可以了。

平衡杆会停在什么位置

【问题】如图63所示，木杆两端分别固定着一个小球，它们重量相等。木杆的

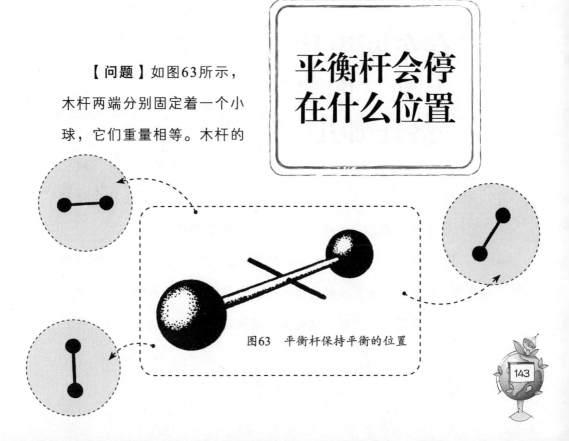

图63　平衡杆保持平衡的位置

143

中间有一个小洞，穿了一根水平的小木棍。如果木杆以小木棍为轴旋转，它会停在什么位置呢？

【回答】有些人可能认为，木杆停下来的时候，肯定在垂直方向上。实际上，它可以在任何位置保持平衡，有可能是垂直方向，也有可能是水平方向或者倾斜的方向。这是因为，对于木杆来说，它的重心在支点上。其实，任何物体都一样，如果通过重心把它托住或者挂起来，它可以在任何状态下保持平衡。

所以，我们是无法判断它停在什么位置的。

在车厢里往上跳，你会落在哪儿

【问题】假设火车的行驶速度是36千米/小时。你站在火车车厢里往上跳，如果你在空中停留了一秒，那么当你落地时，你会落在哪里呢？是落到前面了，还是后面了，还是原来的地方？

【回答】你仍然落在起跳的位置。有人可能认为，跳在空中的时候，底板跟车厢会一起向前行进，所以会落在后面的某个位置。其实，车厢确实在前进，但是由于惯性的作用，你也在前进，并且你的行进速度跟车厢是相等的，所以你会落在起跳的位置。

在甲板上抛球

【问题】在行驶的轮船甲板上，船头和船尾分别站着一个人，他们在玩球，那么他们两人谁能更轻松地把球抛给对方呢？是船头的那个人，还是船尾的那个人？

【回答】如果轮船的行驶速度是均匀的，也就是进行匀速直线运动，那么这两个人一样轻松。行驶的轮船与静止的轮船没有任何差别。有人可能以为，靠近船头的人会远离球，靠近船尾的人会靠近球。实际上，由于惯性的作用，球和轮船的速度是相同的，轮船上的人和球的速度也是相同的。所以，每个人都一样轻松，谁也不会占便宜。

旗子会飘向哪个方向

【问题】在风的作用下，气球被吹向北方。在它下面挂着一个吊篮，上面拴着一面旗子，那么旗子会飘向哪个方向？

【回答】在气流的作用下，气球会发生运动。但相对于周围的空气来说，气球却是静止的，所以它上面的旗子并不会向任何方向展开。也就是说，跟没有风时一样，旗子会下垂。

气球会往哪个方向运动

【问题】气球在空中停住。这时，从下面的吊篮里爬出一个人，他沿着绳索往上爬。那么，这时气球会往哪个方向运动？

【回答】气球会向下运动。

这是因为，当这个人向上爬时，会对气球产生一个反向的作用力。就像你在静止的船上行走一样：你往前走，船就会往后走。

走路和跑步的区别

【问题】走路和跑步的区别在哪里？

【回答】有人可能会说，走路比跑步慢。其实，跑步也有可能比走路还慢，甚至仍然停在原地。它们的区别不是速度。走路时，脚掌的一部分总是与地面接触，但是，跑步就不一定了，我们的身体可能与地面没有任何接触。

在河上是前划轻松还是后划轻松

【问题】一艘船停在河上，它旁边漂着一块木片。那么，对于船夫来说，是超

过木片往前划10米轻松，还是落后木片往后划10米轻松？

【回答】这个问题看似简单，但是对于即使经常从事水上运动的人来说，也不一定能答对。在他们的印象中，逆流划船比顺流难多了，所以他们一般会认为前者更轻松一些。

当然，如果以岸边的某个点为参照，逆流确实比顺流困难，这是正确的。但是，如果这个参照点是河面上的木片，它会跟船一起漂流，所以情况就不同了。

我们知道，如果船顺水漂流，那它与河水就是相对静止的。这时，船夫划船的感觉跟在静止的河里是一样的。所以，不管船夫往哪个方向划，他都感觉一样轻松，或者说一样困难。

对于船夫来说，二者没有区别。不论是超过木片往前滑，还是落后木片往后滑，他付出的力气都是一样的。

水波纹的形状会改变吗

【问题】相信读者都曾经做过这样的事情，把一块石头扔到静止的河里，水面上会泛起圆形的波纹，一圈圈地向外扩散。那么，如果把石头扔到流动的河里呢？波纹是什么样？

【回答】如果你找不到解决这个问题的正确方法，很容易会得出错误的结论：将石头扔到流动的河里，泛起的波纹是椭圆形，而且椭圆的短半轴在水流的方向上；或者是形状不规则的长圆形。实际上，这两个答案都是错误的。

如果你仔细观察过石头被扔进流动的河里所产生的波纹，就会发现：不管水流的速度多快，波纹总是圆形的，而不是其他形状。

其实，我们可以通过简单的推理得出这样的结论：不论河水是静止的，还是流动的，产生的波纹都是圆形的。

下面，我们就来推理一下。

对于河水的运动，我们把它分解成两部分：

● 一部分是从中心向四周的辐射运动；

● 一部分是水流方向上的运动。经过一段时间的运动后，物体的最终状态，跟这两个运动依次进行的结果应该是相同的。

所以，首先来看一下将石头扔到静止的河水的情形。这时，产生的波纹是圆形的，这一点很容易理解。

我们再来看一下水流运动时的情况。不管水流的速度多大，匀速还是非匀速，这个运动都是向前的一个运动。这时，波纹会发生什么变化呢？它们一样会跟着水流向前运动，整个波纹都是同时运动的。也就是说，波纹不会在向前的运动中改变形状，仍是圆形。

能让绳子中部不下垂吗

【问题】如果我们沿水平方向使劲拉直绳子，那么需要用多大的作用力，才能保证绳子的中部不下垂？

【回答】实际上，不管我们多么用力，都不可能使绳子的中部不下垂。绳子的中部之所以会下垂，是因为绳子始终受到重力的作用，而我们给的作用力不在垂直方向上，这两个力不可能达到相互抵消。也就是说，它们的合力不可能是零。这两个力的合力无法使绳子的中部不下垂。

因此，不管我们作用在绳子上的力有多大，都不可能完全拉直绳子，除非在垂直方向拉绳子，否则，绳子的中部一定会下垂。我们可以尽量减小下垂的程度，但是，永远不可能达到零。所以，如果不是垂直放置的绳子或传送带，它的中部总是会下垂。

同样，不管使多大的力，我们也不可能把吊床完全拉平。席梦思里被拉紧的金属网线，人躺在上面时，在人的重力作用下，一样会下垂。对于吊床来说，绳子的张力可能没有那么大，所以当人躺上去的时候，通常都会耷拉下来。

应该往哪儿扔瓶子

【问题】在运动中的车厢里，如果从窗口往外扔瓶子，应该往哪个方向扔，才能保证瓶子落地时更不容易破碎？

【回答】如果我们从运动的车厢往下跳，想要更安全一些的做法是：沿着运动的方向往前跳。所以，我们似乎可以推理出，应该把瓶子往前扔，这样落地时瓶子所受到的冲击力最小。实际上，这一推理是错误的。

我们应该把瓶子往后扔，也就是跟车厢运动方向相反的方向。这时，我们扔瓶子时给瓶子的速度会抵消瓶子由于惯性带有的速度。于是，当瓶子接触地面的时候，它的速度会减小。如果往前扔瓶子，情况正好相反，瓶子得到的速度是两个速度的叠加，瓶子获得的速度反而变大了，当然，它所受到的冲击力也就越大。

从运动的车上往下跳时，之所以往前跳比较安全，是因为这样跳更不容易跌伤，这一点跟往车厢外扔瓶子是不一样的。

软木塞为什么不会被水带出来

【问题】一块软木塞掉进了装着水的玻璃瓶里，软木塞的大小跟瓶口差不多，正好能从瓶口拿出来。但是，不管我们怎么倾斜或翻转玻璃瓶，总是无法把软木塞带出来。直到我们快要倒空玻璃瓶里的水时，软木塞才会跟着最后的那一点儿水从玻璃瓶中掉出来。这是为什么呢？

【回答】一开始，软木塞并没有被水带出来。这是因为，软木塞的密度比水小，所以它总是浮在水面上。而当瓶子里的水快倒完的时候，软木塞才可能靠近瓶口的位置。所以，只有这时候，软木塞才会从瓶口掉出来。

春汛和枯水期

【问题】春汛时，河水的水面会发生变化，靠近中央的水面比靠近岸边的水面高。这时候，如果水面上漂着一些木柴，它们就会从河中央漂到岸边来。而到了平水期，这时候的水位就会变低，河面中央就会比岸边低一些，如果有木柴漂在水面上，木柴会往河中央集中。这是为什么呢？为什么春汛的时候河面会凸起，而到了枯水期的时候又会凹下去？

【回答】这是因为，河岸由于一些障碍物的摩擦，水流的速度减慢了，使得河中央的水流速度比岸边快一些。春汛时，在河水的流动过程中，河中央水量的增加速度比岸边快得多，就使得河中央的水流速度增加得非常快，于是河中央就变得凸起来了。反过来，到了枯水期，由于河中央的水流速度比岸边快，所以这时河中央的水量减少得也快，于是河面就会凹下去。

房间内的空气有多重

【问题】你能计算出或大致估算出，一个普通房间里的空气有多重吗？这个重量大概是多少克或者多少千克？如果把它换算成一个物体的话，你能把它用一个手指举起来吗？还是需要用肩膀扛？

【回答】关于空气也有重量的事实，相信大家都不会怀疑了。那么，空气到底有多重呢？对很多人来说，这个问题并不容易回答。

那么，我现在就来告诉你，在夏天，1升热空气的重量大概是$1\frac{1}{5}$克。而1立方米是1000升，所以1立方米空气的重量是1升的1000倍，也就是$1000 \times 1\frac{1}{5}$克，也就是$1\frac{1}{5}$千克。

了解了这点我们就可以粗略估算出一个房间里面的空气的重量了。

只要估算出房间的体积，比如，一个房间的面积是15平方米，高度是3米，那么这个房间的体积就是：

$$15 \times 3 = 45 \text{（立方米）}$$

由此可以计算出，这个房间里的空气的重量就是：

$$45 \times 1\frac{1}{5} = 54 \text{（千克）}$$

就这个重量来说，如果单用一根手指，我们当然举不起来，即便用肩膀扛，对一般人来说也并非易事。

气球能飞多高

【问题】孩子们都喜欢玩气球，如果松开这些气球，它们就会飘走。那么这些气球飘到了哪里？它们能飞多高？

【回答】实际上，这些气球并不会一直飞，更不会飞到大气层外面去，它们的飞行高度有一个极限。到这个极限高度后，空气会变得非常稀薄，不足以支撑气球的重量。而在这个极限高度上，气球的重量正好等于它所挤开的空气的重量。但是，由于在上升的过程中气球会膨胀，所以它不一定能达到这个极限高度。经常发生的情况是：在内部气压的作用下，气球还没有达到极限高度，就被撑破了。

轮胎里的空气向哪个方向运动

【问题】想象一个场景：车轮向右滚动，轮辋按顺时针方向转动。这时，轮胎里面的空气向哪个方向运动？是与车轮方向相反，还是与车轮方向相同？

【回答】其实都不会，在车轮被挤压的部位，里面的空气会向两个方向分别移动，一个是向前，一个是向后。

为什么铁轨之间要留空隙

【问题】为什么铁轨之间要留空隙？

【回答】如果我们仔细观察会发现，在两根铁轨的接头处一般都留有空隙，它们就是接头缝。在铺铁轨的时候，在铁轨之间必须留接头缝，而不能把它们紧紧地连在一起，否则铁轨就无法正常使用了。这是因为，物体具有热胀冷缩的特性。夏天的时候，在日晒的作用下，铁轨会变长。如果不预留接头缝，铁轨就会相互挤压，从而发生变形，甚至把用来固定铁轨的道钉挤脱落，火车也就无法正常运行了。

同时，铺铁轨的时候，预留的接头缝也要考虑冬天的情况。冬天时，天气比较寒冷，铁轨会收缩，铁轨之间的空隙会变大，所以要根据当地的气候条件来计算接头缝的距离。

将货车的铁轮毂套在轮辋上时，通常采用的方法就是把它加热，这也是利用了物体热胀冷缩的特性。等轮毂冷却下来后就会变小，它就紧紧地套在轮辋外面了。

喝茶的杯子与喝冷饮的杯子

【问题】不知你观察过没有，用来盛冷饮的杯子的底部通常都很厚。这样设计的原因是，杯子会更加稳固，不容易翻倒。那么，有人可能会问了：为什么喝茶的杯子不这么设计呢？不容易翻倒的杯子用来喝茶不是也挺好吗？

157

【回答】如果用底部很厚的杯子喝茶，杯子就会很容易破裂。这是因为，杯壁和杯底的厚度差越大，它们热胀冷缩的程度相差得也就越大。反之，杯壁和杯底薄的杯子，它们之间的厚度差小，也就不容易破裂了。

茶壶盖上的小洞有什么用途

【问题】在茶壶的壶盖上，通常都留有一个小洞。这个小洞有什么用途？

【回答】小洞的用途是让茶壶里的蒸汽排出去，否则，这些蒸汽可能会把壶盖顶起来。

【问题】壶盖受热后会膨胀，那么壶盖上的小洞会发生什么变化？是变大还是变小？

【回答】变大。在理解这一现象的时候，我们可以把小孔或者小洞看成这个物体的一部分，或者把它看成用同样材料制成的一个小圆片。受热后，它的体积当然会变大。根据这一原理，我们还可以得出，受热后，容器的容积也会变大，而不是变小。

烟为什么总是往上冒

【问题】即便在没有风的时候，烟囱里的烟也会往上冒，这是为什么呢？

【回答】这是因为，受热后，烟囱里的空气会发生膨胀，而且变得比周围的空气更轻，在这些热空气的推动下，烟就被推到了上面。等烟钻出烟囱后，支撑它的空气会慢慢变凉，于是烟又会往下落。

为什么冬天要封堵窗框

【问题】你一定知道如果窗框封堵得好，可以保持室内的热量。但是，你知道该如何正确封堵窗户吗？为什么把窗户封堵上可以使房间保持温度呢？

【回答】很多人认为，封堵窗户之所以会让房间保持温度，是因为窗框封堵以后变成了两层，当然比一层暖和了，其实这种观点是错误的。房间能够保持温度的原因并不是由于窗框多了，而是空气被封堵在了室内。

空气的导热性是非常差的，所以把空气严实地封堵在室内，可以防止空气逃走的同时把热量带走。这样，房间就不会变冷了。

另外，有人认为，封堵窗框时应该给窗户上方留一点儿空隙，其实，这种观点也是不对的。这样就会让室内空气受到外部冷空气的挤压，房间里的温度也就会变冷了。所以，正确的做法是：把两扇窗户完全闭紧，不留任何缝隙。

如果用密封条封住缝隙，效果会更好。当然，也可以用厚纸条代替密封条。封堵得越严密，室内越暖和。

窗户明明关好了，为什么还会漏风

【问题】冬天的时候，我们经常把窗户封堵起来。但是，我们即便已经封堵得非常严实，还是总感觉窗户漏风。这是为什么呢？

【回答】其实，这是非常正常的现象。空气不是静止不动的，它无时无刻不在流动。在室内，由于空气不停地受热或者冷却，所以总是存在着气流。虽然我们用肉眼是看不到这一切的。空气受热会膨胀、变轻；反之，空气冷却会收缩、变重。在台灯或壁炉周围的空气由于受热而变轻，于是就会被冷空气挤到上方。同时，窗户或者墙壁旁边的空气由于受冷而收缩，会流向地面。

我们可以通过孩子玩的氢气球来观察房间内的气流运动。找一个氢气球，在上面挂一个重物，使氢气球正好能自由悬浮在空中。然后，我们把气球放到壁炉旁边。这时，气球就会受到气流的作用力，在房间里穿行：一会儿从炉子边飞到窗户附近的天花板，一会儿又落到地板上，一会儿又回到壁炉旁边，如此循环往复。

所以，在寒冷的冬天，即使窗户关得非常严实，没有空气从窗户的缝隙钻进来，可我们还是会感到窗户漏风，特别是靠近地面的地方。

用冰块冷却饮料的正确方法

【问题】我们在用冰块冷却饮料时，应该怎么摆放饮料呢？是放在冰块的上面，还是放在冰块的下面？

【回答】很多人可能认为，应该把饮料放在冰块的上面，就像在火上煮汤一样。其实，这是错误的。加热东西的时候，的确应该放在上面，可是冷却东西时，就应该反过来，把需要冷却的东西放在下面。这是为什么呢？为什么要把冰块放在饮料的上面？

我们知道，物体的温度越低，密度越大。所以相比常温下的饮料来说，冰冻饮料的密度会大一些。如果把冰块放在饮料上面，在冰块的冷却下，靠近冰块的饮料的密度会慢慢变大，于是它就会流到下面，而上面的位置又会被常温的那部分饮料占据。然后，常温的饮料被冷却后又流到下面。很快，瓶子里的所有饮料都会被冷却。

反过来，如果把饮料放在冰块的上面，那么与冰块接触部分的饮料就会首先被冷却。但是，由于这部分饮料已经在饮料的底部了，它是不会跟上面的常温的饮料交换位置的。也就是说，这时，瓶子中的饮料并不会流动起来，饮料也就不容易冷却了。

除了冷却饮料，冷却其他东西也是如此，比如，肉、蔬菜、鱼类等，都应该放在冰块的下面，而不是放在冰块的上面冷却。确切地说，这些东西是被冷空气冷却，而不是被冰块冷却的。因为冷空气会向下而不是向上运动，所以当我们想用冰块给一个大房间降温时，应该把冰块放得高一点儿。比如，放在书架上或者挂在天花板上，而不是放在凳子上，或者地板上。

水蒸气是什么颜色的

【问题】相信大家都看过水蒸气，可是你能说出它的颜色吗？

【回答】从严格意义上来说，水蒸气是没有颜色、完全透明的。也就是说，它应该像空气一样，我们是无法看见它的。我们平常所看到的水蒸气其实是非常微小的水滴聚合后产生的效果，它其实是雾化的水，而不是真正的水蒸气。

为什么水壶会"唱歌"

【问题】如果用水壶烧水，当水沸腾的时候，水壶会发出声音，这是为什么呢？

【回答】相信很多人都见识过这一现象。烧水时，

163

靠近壶底的水会变成水蒸气，形成小气泡。而气泡是很轻的，在周围水的挤压下会上升。这时，水面上的水还没有达到100℃，它会冷却气泡里的蒸汽，使气泡收缩破裂。所以，在水沸腾之前如果我们打开壶盖，会看到很多气泡往上涌，但是在它们到达水面之前就会消失。实际上，它们是被冷水挤压破了。在爆破的时候，气泡就会发出轻微的噼啪声。这个声音就是我们听到的声音。确切地说，这个声音说明水壶里的水马上就要开了。

而当水壶里的水温达到100℃时，就不会再产生气泡，各种声音也就停止了。但是，如果水壶里的水开始冷却，就又会产生噼啪声。

这就是在沸腾前或者冷却时，水壶会"唱歌"的原因。真正沸腾的时候，水壶就不会再发出这样的声音了。

火焰为什么不会自己熄灭

【问题】如果你仔细观察过火焰燃烧的过程，可能就会产生这样的疑问：为什么火焰不会自己熄灭？

【回答】我们知道，燃烧会产生二氧化碳和水蒸气，这些东西都是不可燃的。也就是说，它们并不能帮助燃烧维持下去。火焰一旦燃烧起来，就会产生这些不可燃的物质，这些物质肯定会影响空气的流动，但是燃烧却没有停下来，火焰也没有自己熄灭，这是为什么呢？

原因就在于，气体受热后会膨胀，变得更轻。虽然燃烧产生了二氧化碳，但是这些二氧化碳气体不会待在原地，也就是火焰的周围，它会不断被空气挤走。其实，前面提到的阿基米德定理同样适用于气体，否则火焰烧一会儿就会自动熄灭了。

确实，燃烧产生的物质会阻碍火焰的燃烧，所以我们经常利用这一原理来熄灭火焰。比如，我们在吹灭煤油灯时，采取的方法是从上往下吹，这就是把燃烧产生的不可燃气体往下吹，吹到火苗上，从而阻止了新鲜空气流到火苗上，火苗就熄灭了。

水为什么能浇灭火焰

【问题】为什么水能浇灭火焰？

【回答】这个问题看似简单，但是并不是所有人都能回答出来。

在回答这个问题之前，我们先来了解一下水对火焰会产生什

么影响。

首先，水在接近燃烧的物体后会变成水蒸气。在这个过程中，水蒸气会从燃烧的物体那里带走大量的热量。实际上，要想把沸腾的开水变成水蒸气，所需要的热量是将同样体积的冰水加热到100℃的4倍。

此外，在水转化为水蒸气的过程中，它的体积会增加到原来的几百倍。这么大体积的水蒸气围绕在火焰周围，把原来的空气挤走了。而没有了空气，火焰也是无法燃烧的。

说出来你可能不相信，有时候，为了更好地浇灭火焰，会在水里加火药。乍一听，这种方法可能让人觉得不可思议，实际上却是真的。火药的燃烧速度非常快，在燃烧的过程中，会产生大量的不可燃气体，从而阻止燃烧继续进行。

用冰与开水加热

【问题】用一块冰给另一块冰加热，或者用一块冰给另一块冰制冷，这是可能的吗？再者说，我们能用一份开水给另一份开水加热吗？

【回答】一块冰的温度很低，只有-20℃，如果用它接触另一块-5℃的冰，温度低的那块冰就会被加热，从而使温度升高，而原先温度高的那块冰会变冷。

所以，用一块冰给另一块冰加热或者制冷都是可能的。

再来看后面的问题，用开水给开水加热，这就不可能了。这是因为，在一定的气压下，水的沸点是恒定的。

热鸡蛋为什么不会把手烫伤

【问题】如果从沸水中拿鸡蛋，会不会把手烫伤？

【回答】不会。这是因为，虽然从沸水中拿出来的鸡蛋很烫，但它的表面非常湿，在高温的作用下，这些水瞬间蒸发，带走了蛋壳的一部分热量，从而给蛋壳降了温，所以手并不会感觉很热。当然了，只是在一开始的时候，手感觉不到鸡蛋烫，一旦鸡蛋表面的水蒸发干净，你立刻就会感觉到鸡蛋的高温。

用熨斗去除油渍

【问题】你知道吗，用熨斗可以去除纺织物上的油渍。那么，这个方法的原理是什么呢？

【回答】其实很简单：温度越高，液体的表面张力越小。

詹姆斯·克拉克·麦克斯韦（1831—1879），英国物理学家、数学家，经典电动力学的创始人，统计物理学的奠基人之一。

麦克斯韦在他所著的《热理论》中写道：

如果油渍不同位置的温度不同，就会从温度高的地方向温度低的地方移动。比如，我们可以在布的一端放一块烧热的铁块，在另一端放一块棉布，那么，油渍就会自己跑到棉布上去。

所以，在用熨斗去除油渍的时候，应该把吸收油渍的材料放在编织物的下方，与熨斗方向相反。

【问题】是不是真的站得越高看得越远？站得高，能看多远？

【回答】如果我们站在平坦的地面上，只能看到有限的距离。这个视野范围通常称作"地平线"。在地平线之外的树木、房屋或者其他高物，由于下面的部分被凸起的地面挡住了，我们根本看不到它们的全貌，而只能看到它们的顶端。我们知道，地球是圆的，看似平坦的陆地和平静的海洋事实上都是凸起的，这是由弯曲的地表决定的。

那么，对于一个中等身材的人来说，他站在平坦的地面上能看到多远的距离？

答案是5千米。也就是说，他只能看到方圆5千米之内的东西。要想看得更远，就要站到高的地方。站在平原上的骑手，可以看到方圆6千米之内的东西。站在水平面以上20米高桅杆上的水手可以看到方圆16千米之内的海面。站在水平面以上60米高的灯塔顶端，可以看到方圆30千米内的海面。

当然，这些跟飞行员比起来，都差得太远了。在晴天，如果没有云雾遮挡，在1000米高度上，视野范围能达到方圆120千米。如果在2000米的高度上，利用望远镜，飞行员可以看到方圆160千米之内的东西。如果高度达到10千米，可以看到的视野范围是方圆380千米。

乘坐平流层气球，航空员可以升到22千米的高空。这时，他的视野范围就是方圆560千米。

贝壳里为什么会有回音

【问题】如果把耳朵贴在茶壶边或者大贝壳上，会听到回音，这是为什么呢？

【回答】这是因为，茶壶或者贝壳是一个共鸣器，它把我们身边各种各样的吵闹声音都给放大了。平时，这些声音很小，所以我们根本注意不到。但是，在茶壶或者贝壳的共鸣作用下，这些混合的声音一下子变大了很多。以前，在人们还不知道这一原理的时候，流传着很多有意思的传说。

如何推算望远镜中行船的速度

【问题】一艘轮船正在驶向岸边，你站在海边用望远镜观察它。如果望远镜的放大倍数是3，那么在望远镜里，船的速度会放大多少倍？

【回答】解答这个问题时，我们先假设一些数据，以方便读者更好地理解。假设轮船距离观察者600米，它在海里的速度是5米/秒。用3倍的望远镜观察时，600米的距离就是200米。1分钟后，轮船行驶的距离就是：

$$5 \times 60 = 300 \text{（米）}$$

也就是说，轮船这时距离观察者300米。

在望远镜里，轮船就像在距离100米的地方。所以，在望远镜里，轮船行驶的距离是：

$$200 - 100 = 100 \text{（米）}$$

而实际上，轮船行驶了300米。于是，我们就知道了，在望远镜里，轮船行驶的速度不仅没有被放大，反而缩小了，而且缩小的比例正好等于望远镜的放大倍数，也就是3。

171

其实，读者可以自己假设几个数据——初始距离、轮船的行驶速度、时间间隔，来验证这一结论的正确性。

黑色的丝绒与白色的雪

【问题】是太阳光下的黑色丝绒更亮，还是月色下的白色雪花更亮?

【回答】黑色的丝绒、白色的雪花，这两个东西，一个是黑色，一个是白色，这是我们眼睛观察到的结果。

如果借助一个普通的物理器材——光度计来观察，这两个东西会变得完全不一样。太阳光下最黑的天鹅绒甚至比月色下最白的雪花亮得多。

这是因为，不论物体表面的颜色有多黑，它也不可能把照射在它上面的光线完全吸收掉，即便是煤炭或者炭笔——这大概是我们所看到的最黑的颜色了——也不行，阳光照在这些物质上，也会有1%~2%的光线流失。

不妨夸张一些，我们假设黑丝绒只能分散1%的光线，雪却能分散100%的光线。我们知道，太阳光的亮度大概是月光的

400,000倍。

那么，黑丝绒分散的1%的太阳光与雪花分散的100%的月光比起来，前者大概是后者的几千倍。也就是说，太阳光下的黑色丝绒比月色下的白色雪花亮几千倍。

其实，这一结论不仅适用于雪花，对所有的白色物体都适用。任何物体表面所分散的光线都比照射在其上的光线少，而月光比太阳光弱400,000倍，所以不可能存在这样一种白色，能够在月色下比在太阳光照射下的最黑的颜色还亮。

雪为什么是白色的

【问题】我们知道，雪是由透明的冰晶构成的，那它为什么看上去是白色的？

【回答】其实，这里面的道理与碎玻璃是一样的。对于一整块没有杂质的冰块来说，它看上去就是透明的。但是，如果我们把它敲碎，它看上去就是一些白色粉末。其实，每一粒粉末仍然是透明的，但是光线并不能透过粉末直接穿过去，而是打在粉末上之后又发生了反射。这些粉末表面是不平整的，所以光线是向

四面八方分散的。于是，这些粉末看起来就是白色的了。

而雪也是由一粒粒的雪花组成的，这些雪花也是粉末状的。如果可以，我们把雪花之间的空隙都用水填满，那雪就会变成透明的，而不是白色的。

其实，这个实验很容易做：找一个罐子，里面装上雪，然后往里倒水，你会发现，罐子里的雪花变成了透明的。

刷过鞋油的皮靴为什么闪闪发亮

【问题】为什么刷了鞋油的皮靴闪闪发亮？黑色鞋油和刷子看上去都是极其普通的东西，为什么能制造出这么神奇的效果？关于这个问题，很多人都觉得无法理解。

【回答】在回答这个问题之前，我们先来看看抛光发亮的表面与毛表面的区别是什么。

很多人都认为，抛光的表面肯定是光滑的，而毛表面是不光滑的。

其实，这一说法并不严谨。抛光的表面和毛表面都可能是不光滑的。

世界上并不存在绝对光滑的表面。如果用显微镜观察，我们会发现即使肉眼看上去抛光非常光滑的表面，也像用刮胡刀刀刃割过一样。在1000万倍的显微镜下，抛过光的表面看起来就像是一座座山丘。不论毛表面还是抛过光的表面，都有很多的起伏、凹陷或者刮痕，只不过起伏的程度不同罢了。相对照射在上面的光线波长来说，如果起伏的程度比较小，光线就会正常反射回来。

换句话说，当光线的反射角等于入射角时，这样的表面看上去就像镜子一样闪闪发亮，这种表面就可以称为抛光表面。

但是，如果起伏的程度比光线的波长还大，那光线就无法正常反射回来，会发生分散，也就无法产生镜子般的效果，所以这样的表面就不会发亮，我们称这种表面为毛表面。

对于同一个表面来说，如果照射的光线不同，它既可能是抛光的，又可能是毛的。对于可见光来说，它的平均波长大概是0.5微米，也就是0.0005毫米。

那么，如果起伏程度比这个数值小，这个表面就是抛光的；而红外线的波长更长，所以可见光下的抛光表面在红外线下自然也是抛光的。但是，如果用波长很小的紫外线照射，它就会变成毛表面。

回到前面的问题：为什么刷过鞋油的皮靴闪闪发亮？在刷鞋油之前，皮靴的表面会有许多起伏的地方，而这个起伏的程度比可见

光的波长大得多，所以它看上去就是毛的。在刷了鞋油后，皮靴粗糙的表面覆上了一层薄膜，它帮助减缓了起伏的程度，并把那些竖着的绒毛压平了。在鞋油刷的作用下，鞋油把本来凹陷的地方给填平了，于是，靴子表面的起伏程度变得比可见光的波长小了，鞋面自然就变成抛光的表面了。

信号灯为什么是红色的

【问题】坐火车的时候，我们经常看到，铁路的停车站信号灯是红色的，这是为什么呢？

【回答】跟其他颜色的可见光相比，红光的波长最长，它不容易被空中的浮尘所分散。换句话说，它的穿透距离比其他颜色的光都要长。

在铁路上，停车站信号灯是非常重要的，而红光的可见距离最长，这样可以保证驾驶员在距离停靠点很远的地方看到信号灯准备刹车。

波长越长的光线，在大气中的穿透距离越长。根据这一原理，人们制作了红外天文滤光镜，通过这一装置拍摄星球的表面，进行分析。用这种滤光镜所拍摄出来的照片是普通照相机根本无法相比的。

在这样的滤光镜下，我们可以把星球表面看得一清二楚，但是就普通的照相机来说，最多只能拍到大气层上的云。

此外，选择红光作为停车站的信号灯还有一个原因，就是我们的眼睛对红色更加敏感。

感　谢

在本书的翻译过程中，得到了项静、尹万学、周海燕、项贤顺、张智萍、尹万福、杜义的帮助与支持，在此一并表示感谢。